Peer Instruction in der Mathematik

Peter Riegler

Peer Instruction in der Mathematik

Didaktische, organisatorische und
technische Grundlagen praxisnah erläutert

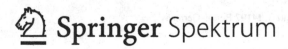 Springer Spektrum

Peter Riegler
Institut für Medieninformatik
Hochschule Braunschweig/Wolfenbüttel
Wolfenbüttel, Deutschland

ISBN 978-3-662-60509-7   ISBN 978-3-662-60510-3   (eBook)
https://doi.org/10.1007/978-3-662-60510-3

Die Deutsche Nationalbibliothek verzeichnet diese Publikation in der Deutschen Nationalbibliografie; detaillierte bibliografische Daten sind im Internet über http://dnb.d-nb.de abrufbar.

Springer Spektrum
© Springer-Verlag GmbH Deutschland, ein Teil von Springer Nature 2019

Planung/Lektorat: Iris Ruhmann

Springer Spektrum ist ein Imprint der eingetragenen Gesellschaft Springer-Verlag GmbH, DE und ist ein Teil von Springer Nature
Die Anschrift der Gesellschaft ist: Heidelberger Platz 3, 14197 Berlin, Germany

Krzysztof Wódkiewicz
zum Andenken und in Dankbarkeit für die
Gespräche an der Tafel in seinem Büro

Vorwort

„Sie verwenden doch auch Clicker. Klappt das bei Ihnen?" Diese Frage hat mir vor einigen Jahren ein Kollege während des Mittagessens bei einer Konferenz gestellt. Clicker sind kleine Handsender, mit denen Studierende während Lehrveranstaltungen Fragen beantworten. Sie sind eine bewährte Technologie, um *Peer Instruction* – den Gegenstand dieses Buches – zu ermöglichen.

Offensichtlich hat der Clicker-Einsatz bei diesem Kollegen nicht funktioniert. Er berichtete, dass nach einem Drittel des Semesters nur noch ein Drittel der Studierenden an der Lehrveranstaltung teilnahmen und von diesen sich nur ein Drittel mittels der Clicker an der Lehrveranstaltung beteiligten.

Im Gespräch konnte ich die wesentlichen Ursachen für diese enttäuschende Situation schnell identifizieren. Es fehlten zwei Faktoren, die für die studentische Beteiligung essentiell sind: Erstens ließ der Kollege seine Studierenden die Fragen nur per Clicker beantworten, ermöglichte ihnen aber nicht, sich darüber auszutauschen. Zweitens gaben die Fragen nur selten Anlass zu einem Austausch, weil es sich meistens um Wissensfragen handelte, also Fragen, deren Antworten man entweder weiß oder schnell nachschlagen kann.

Das Design von Peer *Instruction* stellt bei einer „bestimmungsgemäßen Umsetzung" sicher, dass beides nicht passiert. Mit diesem Buch will ich dazu beitragen, dass Lehrenden und Studierenden solche Enttäuschungen durch unsachgemäßem Einsatz von Clickern erspart bleiben und beide Parteien das Potential dieser Technologie für akademisches Lernen voll ausschöpfen.

Peer Instruction unterstützt das Lernen von Studierenden und von Lehrenden. Es ist nicht nur eine Methode, sondern auch eine wertvolle Informationsquelle für Lehrende. *Peer Instruction* ermöglicht Lehrenden auch, die Schwierigkeiten von Studierenden mit der Mathematik wahrzunehmen und zu verstehen.

Ich selbst war einige Zeit skeptisch, was *Peer Instruction* angeht. Ich war der Meinung, dass Clicker doch nur eine Spielerei seien und ein *Hype,* der wie so viele im Bildungsbereich bald wieder abebben wird. Das Lesen einiger wissenschaftlicher Publikationen zu *Peer Instruction* hat dieses Vorurteil allerdings sukzessive geschwächt. Bei einem Aufenthalt an der Michigan State University hatte ich schließlich die Gelegenheit

Peer Instruction in einer Lehrveranstaltung von Gerd Kortemeyer live zu erleben. Ich war sofort von der studentischen Beteiligung aufgrund von *Peer Instruction* begeistert. Vor allem das Ansteigen des Geräuschpegels mit Beginn der studentischen Diskussionen hat mich überwältigt.

Mein besonderer Dank gilt daher Gerd Kortemeyer für das Ermöglichen dieses „Erweckungserlebnis" in seiner Lehrveranstaltung und für seine Unterstützung meiner ersten Schritte in Sachen *Peer Instruction*. In dieser Veranstaltung saß Stefan Dröschler neben mir und hat durch seine Frage „Warum gibt es das bei uns nicht?" den Startschuss für *Peer Instruction* in meinen Lehrveranstaltungen gegeben. Ihm und Jörg Theuerkauf gilt mein Dank für die Unterstützung und Zusammenarbeit in den folgenden Jahren, zunächst in der Fakultät Informatik der Ostfalia Hochschule und später mit erweitertem Wirkungskreis am Zentrum für erfolgreiches Lehren und Lernen (ZeLL) dieser Hochschule. Das ZeLL hat aufgrund seiner engagierten Mitarbeiterinnen und Mitarbeiter als früher Katalysator für wirksame Lehre, nicht nur für *Peer Instruction* gedient. Stellvertretend für alle danke ich Monika Gurski und ihr persönlich für ihr unablässiges Mitwirken an der ZeLL – Kultur. Sebastian Wirthgen vom ZeLL hat in vielen Gesprächen dazu beigetragen mein Bild von Lehre und auch von *Peer Instruction* zu schärfen.

Ein großer Dank geht an Christian Kautz von der TU Hamburg, einem langjährigen Begleiter meines Weges in der Lehre nicht nur in Sachen *Peer Instruction*. Unsere gemeinsamen Workshops sind in vielerlei Hinsicht eine Blaupause für dieses Buch geworden. Die Gedanken der Teilnehmer dieser Workshops haben geholfen, Sagredo als kritischen Lehrenden auf dem Weg zu *Peer Instruction* zu formen.

Mein Dank gilt auch Iris Ruhmann vom Springer Verlag, ohne deren Initiative es dieses Buch nicht gäbe, und Agnes Herrmann für die Begleitung des Schreibprozesses. Stefan Dröschler, Christian Kautz und Anne Riegler haben mit Herz und Verstand das Manuskript gelesen und so wesentlich zum Ausmerzen etlicher Fehler beigetragen. Vielen Dank!

Zuletzt und ganz sicher nicht am wenigsten danke ich meinen Studierenden der vergangenen Jahre, die mich durch ihr Handeln und Lernen immer wieder davon überzeugt haben, dass *Peer Instruction* eine lohnende Sache ist.

Wolfenbüttel   Peter Riegler
Juli 2019

Inhaltsverzeichnis

1   **Lehren und Lernen als Dialog**   1
   1.1   Eine kurze Geschichte von Peer Instruction   5
   1.2   Clicker   5
   1.3   Sagredo.   7
   Literatur.   8

2   **Choreographie von Peer Instruction**   9
   2.1   Besuch einer Mathematik–Lehrveranstaltung   9
   2.2   Ablauf von Peer Instruction   15
   2.3   Variationen des Ablaufs   28
   2.4   Einbettung in die Lehrveranstaltung   29
   Literatur.   31

3   **Wirksamkeit**   33
   3.1   Lernen oder Nachplappern?   34
   3.2   Ist die Expertenphase wirksam?   36
   3.3   Lernen Studierende besser, aber weniger?   39
   Literatur.   40

4   **Gelingensfaktoren**   41
   4.1   Durchführung   42
   4.2   Qualität der Fragen   43
   4.3   Lehrendenhandeln   44
   Literatur.   47

5   **Didaktische Hintergründe**   49
   5.1   Think–Pair–Share   49
   5.2   Elicit–Confront–Resolve   51
   5.3   Fehlkonzepte   52
   5.4   Motivation   54
   Literatur.   56

6   Fragen für Peer Instruction   57
    6.1   Kriterien   57
    6.2   Fragengalerie   58
    6.3   Konzeptfragen   73
    6.4   Allgemeine Entwurfsmuster.   75
    6.5   Bewährte Entwurfsmuster in der Mathematik   85
    6.6   Fragenformate   88
    6.7   Anforderungen an Multiple–Choice–Fragen   91
    6.8   Fragenquellen.   93
    6.9   Identifikation charakteristischer Schwierigkeiten und
           problematischer Vorstellungen   94
    6.10   Robustheit von Peer–Instruction–Fragen.   95
    Literatur.   96

7   Studierende von Peer Instruction überzeugen   99
    7.1   Zu Semesterbeginn.   99
    7.2   Während des Semesters   102
    7.3   Peer Instruction und Prüfung   103
    Literatur.   105

8   Technologien   107
    8.1   Anforderungen   108
    8.2   Clicker   112
    8.3   Mobilgeräte   114
    8.4   Abstimmkarten.   116
    8.5   Abstimmkarte mit QR–Code   117
    8.6   Hände   119
    Literatur.   120

9   Einsatz von Clickern jenseits von Peer Instruction   121
    9.1   Umfragen   121
    9.2   Kollaborative Experimente.   122
    9.3   Studentische Unterstützung einholen.   123
    9.4   Vertrag abschließen   124
    9.5   Lehrziele kommunizieren.   125
    9.6   Thought Questions   126
    Literatur.   127

10   Zeitdieb Peer Instruction?   129
    10.1   Just in Time Teaching.   130
    10.2   Stofffülle und Lernziele   132
    Literatur.   132

11 Umgang mit möglichen Problemen 135
   11.1 Technische Probleme 135
   11.2 Nichtbeteiligung an Peer Instruction 136
   11.3 Peer–Instruction–Zyklus klappt nicht 137
   11.4 Alles gut? 138
   Literatur. 139

12 Häufig gestellte Fragen 141
   12.1 Logistik und Integration in die Lehrveranstaltung 141
   12.2 Durchführung 143
   12.3 Wirksamkeit und Bedenken 148
   12.4 Formulieren von Fragen 149
   12.5 Technologie 149
   Literatur. 150

Stichwortverzeichnis 151

Lehren und Lernen als Dialog

Initially I thought—as many other people do—that what is taught is learned, but over time I realized that nothing could be further from the truth.

Eric Mazur

Während Sie dies lesen, mühen sich irgendwo auf dieser Welt Studierende ab, mathematische Zusammenhänge zu verstehen, und haben den Eindruck, dass sich ihnen die Mathematik einfach nicht erschließen will. Denken Sie an Ihre Studienzeit zurück. Sicher ging es Ihnen manchmal ähnlich. Sicher hatten Sie aber auch Aha–Momente, also Momente, in denen Ihnen schlagartig fachliche Dinge klar geworden sind. In welchen Situationen hatten Sie üblicherweise solche Aha–Momente?

(A) Während des Lehrvortrags von Dozenten in einer Lehrveranstaltung
(B) Während der Zusammenarbeit mit anderen Studierenden in Lehrveranstaltungen oder außerhalb
(C) In Selbststudienphasen
(D) In Prüfungen

Vermutlich haben Sie mehr als eine Situation als Antwort ausgewählt. Bei fast allen Kolleginnen und Kollegen, die ich bisher befragt habe, hat die Antwort die Situationen (B) oder (C) beinhaltet.

Die Situation (B) ist wesentlich durch einen Dialog zwischen Ihnen und Ihren Kommilitonen gekennzeichnet. Auch in Situation (C) haben Sie wahrscheinlich einen Dialog geführt – mit sich selbst. Der Dialog ist also (B) und (C) gemeinsam. Situation (A) dagegen ist dialogfrei, sie ist durch einen Monolog des Dozenten charakterisiert.

© Springer-Verlag GmbH Deutschland, ein Teil von Springer Nature 2019
P. Riegler, *Peer Instruction in der Mathematik*,
https://doi.org/10.1007/978-3-662-60510-3_1

Auch in Situation (D) können Dialoge eine Rolle spielen – in schriftlichen Prüfungen mit sich selbst oder in mündlichen Prüfungen mit den Prüfenden. Im letzten Fall trägt möglicherweise auch die Gelegenheit, zeitnahes Feedback durch die Prüfenden zu erhalten, zum Auftreten von Aha–Effekten bei.

Vielleicht haben Sie aber auch gar nicht geantwortet, sondern sofort weiter gelesen? Was hätte geholfen, damit Sie nicht einfach weiter lesen? Sicherlich eine Person, die ernsthaft an Ihrer Antwort interessiert ist und für die Ihre Antwort Anlass zu einem Dialog gibt.

Dialoge spielen auch in der Verbreitung wissenschaftlicher Erkenntnisse eine wichtige Rolle. Wissenschaftler der Antike, wie Platon und Aristoteles, haben ihre Werke in Dialogform verfasst. Auch frühe Werke der modernen Wissenschaft wurden in Dialogform geschrieben, so z. B. Galileis Dialog über die zwei Weltsysteme (Galilei 1632), in dem drei Protagonisten über das ptolemäische und kopernikanische System disputieren (Abb. 1.1). Auch für das Ideal des seminaristischen Unterrichts ist der Dialog zwischen Studierenden und Lehrenden zentral – auch wenn die Realität oft anders aussieht und der erstrebte Dialog nicht zustande kommt.

Dieses Buch erläutert und untersucht eine Lehrmethode, bei der Dialog eine wichtige Rolle spielt: *Peer Instruction.* Sie setzt auf Dialog zwischen Studierenden untereinander (dieser Dialog mit den Kommilitonen, den *Peers,* ist namensgebend) und zwischen Studierenden und Lehrenden. Wenn Sie eine Lehrveranstaltung besuchen, in der *Peer Instruction* stattfindet, werden Sie einen lebendigen und fruchtbaren Dialog von Studierenden und Lehrenden erleben – und vermutlich davon begeistert sein. Dabei ist *Peer Instruction* mehr als Dialog. Es ist eine kluge Kombination bewährter didaktischer Prinzipien, der Berücksichtigung fachspezifischer Schwierigkeiten und oftmals auch moderner Technologie. Richtig eingesetzt ist *Peer Instruction* eine wirksame Lehrmethode mit gutem Nutzen–Aufwand–Verhältnis.

Bei *Peer Instruction* stellen Lehrende in der Lehrveranstaltung anspruchsvolle *Multiple–Choice*–Fragen zum Stoff, der gerade behandelt wird. In der Regel prüfen die Fragen konzeptuelles Verständnis und die möglichen Falschantworten reflektieren charakteristische Verständnisschwierigkeiten. Studierende beantworten diese Fragen mit elektronischen Endgeräten. Die Antworten werden automatisch ausgewertet und ihre Verteilung für die Lehrenden dargestellt.

Im nächsten Schritt fordern die Lehrenden die Studierenden auf, die Fragestellung mit anderen Kommilitonen zu diskutieren, bevor die Studierenden erneut die Frage elektronisch beantworten. Meistens führt diese Diskussion zu einem substantiellen Anstieg der richtigen Antworten.

Nachfolgend sind wesentliche Eigenschaften, Vorteile und Zielsetzungen von *Peer Instruction* zusammengestellt. Nicht nur die unmittelbar von einer Lehrveranstaltung tangierten Studierenden und Lehrenden können profitieren, sondern auch Hochschulen

Abb. 1.1 Titelblatt der Originalausgabe von Galileis „Dialog über die zwei Weltsysteme" (Della Bella und Galilei 1632). Bereits das Titelblatt gibt einen Hinweis darauf, dass der Text in Dialogform verfasst ist. (Credit Line: Library of Congress, Rare Book and Special Collections Division)

insgesamt. Reformbemühungen an Hochschulen erfordern leider allzu oft hohe Einstiegs- und Aufrechterhaltungskosten (Wieman et al. 2010). Bei *Peer Instruction* sind diese Kosten gering.

Eigenschaften und Ziele von Peer Instruction

Für Studierende ermöglicht *Peer Instruction*

- tiefgründiges Verstehen fachlicher Zusammenhänge,
- zeitnahes Feedback über ihr Verständnis fachlicher Zusammenhänge,
- frühe Heranführung an wissenschaftliches Argumentieren,
- die Zeit zu bekommen, die sie zum Nachdenken über eine Dozentenfrage benötigen,
- eine Unterbrechung der Vorlesungsmonotonie.

Lehrenden ermöglicht *Peer Instruction*

- sich ein Bild vom momentanen Kenntnisstand der Studierenden zu machen und die Lehrveranstaltung darauf angemessen aufzubauen,
- Heterogenität der Studierenden für die Lehre gewinnbringend zu nutzen,
- einen Weg weg vom ausschließlichen Präsentieren von Inhalten, hin zum Arbeiten mit Inhalten,
- einen Weg weg von einem Fokus auf das, was zu lehren ist, hin zu einem Fokus auf das, was gelernt wurde,
- die studentische Aufmerksamkeit auf Konzepte zu lenken statt vorrangig auf Rezepte,
- aktivierende Lehre, die Studierende auch in großen Lehrveranstaltungen zur Mitarbeit anregt,
- die leichte Integration einer aktivierenden Lehrmethode in den Vorlesungsablauf,
- mehr Spaß an der Lehre und Zufriedenheit.

Für Hochschulen ermöglicht *Peer Instruction*

- eine Integration aktivierender Lehre in die für Hochschulen typische und etablierte Lehrveranstaltungsform Vorlesung,
- Lehrreformen zu fördern ohne die Kosten für Lehre merklich zu erhöhen,
- einen möglichen Startpunkt für weitergehende Reformen zu setzen.

Peer Instruction ist allerdings kein Wundermittel, das alle Herausforderungen der Lehre einfach beseitigt. Daher soll hier ein realistisches Bild gezeichnet werden, was *Peer Instruction* ausmacht, welche Faktoren für das Gelingen kritisch sind und worin die Wirksamkeit besteht. Dieses Buch soll Ihnen helfen, *Peer Instruction* erfolgreich und gewinnbringend in Ihrer Lehre einzusetzen.

Leider passiert es allzu oft, dass Lehrende sich für eine Methode begeistern, bei der Umsetzung auf Schwierigkeiten stoßen und sich dann enttäuscht wieder abwenden. Dieses Buch ist auch geschrieben worden, damit Ihnen Ähnliches mit *Peer Instruction* nicht passiert.

1.1 Eine kurze Geschichte von Peer Instruction

Peer Instruction wurde in den 1990er Jahren durch die Arbeiten des Physikers Eric Mazur populär, der auch den Begriff *Peer Instruction* geprägt hat (Mazur 1997). Für Mazur war *Peer Instruction* eher eine zufällige Entdeckung. Er hatte einige Fachartikel gelesen, die beschreiben, dass viele Studierende das physikalische Konzept der Kraft auf elementare Weise falsch verstehen (Halloun und Hestenes 1985a, b, 1987; Hestenes 1987). Mazur, der in Harvard lehrt, konnte nicht glauben, dass dies auch auf seine Studierenden zutrifft. Allerdings musste er mit Hilfe eines Tests feststellen, dass etwa die Hälfte seiner Studierenden das Konzept der Kraft tatsächlich wie beschrieben falsch verstand.

Also tat er sein Bestes, seinen Studierenden das Kraftkonzept erneut und auf andere Weise zu erklären, und nahm sich dafür nochmals Zeit in der Lehrveranstaltung. Zufrieden mit seiner Wiederholungsvorlesung über den Kraftbegriff fragte er die Studierenden danach, ob sie noch Fragen hätten, und erntete nur leere Blicke.

Mazur wusste nicht, was er tun sollte. Aber er wusste, dass etwa die Hälfte seiner Studierenden im Test gezeigt hatte, dass sie das Kraftkonzept beherrschte. Also fragte er seine Studierenden „Warum erklären Sie es sich nicht gegenseitig?"(Chasteen 2011) Was dann geschah, hatte er zuvor noch nie gesehen. Mazur berichtet: „Im ganzen Hörsaal ist ein Durcheinander ausgebrochen. Die Studierenden lechzten danach, sich den Stoff gegenseitig zu erklären und darüber zu sprechen." (Hanford 2000)

Aus dieser Erfahrung heraus entwickelte Mazur *Peer Instruction*. Man könnte urteilen, dass *Peer Instruction* eine Wiedererfindung bekannter didaktischer Grundmuster ist (vgl. Kap. 5). Es enthält aber weitere wichtige Bausteine, u. a. das Wissen darum, dass ein Scheitern beim Erlernen wissenschaftlicher Zusammenhänge oft auf charakteristische und musterhafte Verständnisschwierigkeiten zurückzuführen ist (vgl. Abschn. 5.3). Entsprechende Forschungsergebnisse in der Physik waren ja ein Auslöser für Mazurs „Entdeckung" von *Peer Instruction*. Die zunehmende Verfügbarkeit einschlägiger Forschungsergebnisse auch in anderen Disziplinen hat sicherlich die wachsende Popularität von *Peer Instruction* begünstigt, ebenso wie die allmähliche Verfügbarkeit von unterstützender Elektronik.

1.2 Clicker

Unterstützende Elektronik ist zu einem augenscheinlichen Charakteristikum von *Peer Instruction* geworden. In der Tat verwenden viele der Lehrenden, die *Peer Instruction* in ihren Lehrveranstaltungen praktizieren, entsprechende Technologien, die je nach Hersteller

Abb. 1.2 Verschiedene Clicker
mit am Rechner angeschlossener Basisstation

oder Anwenderkreis u. a. als Abstimmsystem, *Audience Response System, Classroom Response System,* TED oder Clicker bezeichnet werden.

Im Kern bestehen solche Systeme aus Endgeräten und einer Basisstation, die die Signale der Endgeräte an den Dozenten übermittelt. Mit Hilfe der Endgeräte übermitteln Studierende ihre Antwort, meist einfach indem sie die Buchstabentaste drücken, die der gewählten Antwortmöglichkeit der *Peer–Instruction*-Frage entspricht. Endgeräte können Mobiltelefone, Tablets, Notebook–Computer oder auch nur speziell dafür verwendbare Geräte sein. Für letztere hat sich der aus dem Amerikanischen übernommene Begriff Clicker[1] etabliert. Abb. 1.2 zeigt einige Clicker–Modelle. In diesem Text wird, solange nicht explizit differenziert wird, der Begriff Clicker generisch für jegliche Art von Endgeräten verwendet. Kap. 8 beschreibt Details der verschiedenen Technologien und deren Vor- und Nachteile.

Oft wird *Peer Instruction* fälschlicherweise mit dem Einsatz von Clickern gleichgesetzt. Clicker sind allerdings weder notwendig noch hinreichend für *Peer Instruction,* aber sehr wohl hilfreich. Clicker oder vergleichbare Technologien sind nur Hilfsmittel, die allenfalls marginal zur Wirksamkeit von *Peer Instruction* beitragen. Sie können aber als Türöffner wirken. Die Verwendung von Technologie im Hörsaal kann Aufmerksamkeit erregen. Nicht von ungefähr wurde und wird von Funk und Presse gerne über Clicker–Einsatz berichtet. Auch bei Studierenden erweckt der Einsatz von Clickern Aufmerksamkeit, die jedoch schnell abflauen wird, wenn sie keinen Mehrwert erkennen. Die Anekdote zu Beginn des Vorworts ist leider nur ein Beispiel dafür. Es ist *Peer Instruction,* die den Mehrwert schafft, nicht die Verwendung von Clickern.

---

[1]Es besteht kein Zusammenhang zwischen Clicker und den ebenso bezeichneten Geräuschquellen zum Training von Tieren. Der Unterschied könnte größer nicht sein: Beim Tiertraining geht es um Lernen durch Konditionieren, bei *Peer Instruction* geht es um Lernen durch soziale Konstruktion.

1.3   Sagredo

Peer Instruction setzt auf Dialog, um studentisches Lernen zu ermöglichen. Wenn Sie dieses Buch lesen, wollen Sie vermutlich ebenfalls etwas lernen, wahrscheinlich über *Peer Instruction*. Auch dabei können Dialoge helfen. Suchen Sie das Gespräch mit Kolleginnen und Kollegen, die *Peer Instruction* einsetzen! Nutzen und schaffen Sie Gelegenheiten, um *Peer Instruction* zu erleben! Tauschen Sie sich über bewährte Fragestellungen und Tipps und Tricks aus! Um hier einen solchen Dialog zumindest ansatzweise zu ermöglichen, ist neben Ihnen als Leserin oder Leser und mir als Autor ein dritter Protagonist vertreten: Sagredo.

Sagredo wird im Laufe des Textes wichtige Fragen stellen, Zweifel äußern und Einwände formulieren. Er ist ein erfahrener Hochschullehrer, aber unzufrieden mit dem Lernerfolg seiner Studierenden. Er versucht seit Jahren, diese Situation zu ändern, bisher leider ohne großen Erfolg.

Sagredo hat mehrere literarische Ursprünge. Er ist der vorurteilsfreie und intelligente Gesprächspartner in Galileis Dialog über die zwei Weltsysteme (Galilei 1632). Er ist der Freund aus Brechts Leben des Galilei (Brecht 1998), der in Zeiten des Wandels mit Rat zur Seite steht. Er ist wie in Redish's *Teaching Physics with the Physics Suite* (Redish 2003) die Stimme eines Hochschullehrers mit langjähriger Lehrerfahrung.

Auch Lesern mit langjähriger Lehrpraxis wird einiges in diesem Buch nicht offensichtlich, ja sogar unplausibel oder überraschend erscheinen. Manches an den Forschungsergebnissen, auf denen *Peer Instruction* fußt, widerspricht mitunter der Intuition. Manche Vorstellungen von Studierenden, aber auch Lehrenden darüber, wie Lehren und Lernen funktionieren, sind hochgradig plausibel – aber nicht haltbar, so wie bei *Peer Instruction* für Studierende bestimmte Antwortmöglichkeiten hochgradig plausibel erscheinen, sich im Dialog dann aber als falsch herausstellen. Sagredo soll uns helfen, den entsprechenden Dialog unter Lehrenden zu führen.

Auch Sagredo hatte auf die Frage zu Beginn dieses Kapitels nach den Aha–Momenten im Studium geantwortet, dass er solche Momente vor allem in Gesprächen mit Kommilitonen und in Selbstlernphasen hatte. Auch für ihn sind Dialoge charakteristisch für wissenschaftliches Arbeiten. Aber er fragt: „Ich hatte in meinem Studium keine *Peer Instruction* und habe den Stoff dennoch gut verstanden, eben auch weil ich mich nach den Lehrveranstaltungen hingesetzt habe und mit Kommilitonen darüber gesprochen habe. Warum sollte ich Dialoge in die Lehrveranstaltung holen, die die Studierenden eigentlich außerhalb der Lehrveranstaltung führen sollten?" Die Antwort, Sagredo, ist: Weil diese Dialoge, wie du selbst sagst, wichtig sind. Wir können nicht davon ausgehen, dass unsere Studierenden das, was wir während unseres Studiums ohne Anleitung getan haben (und was womöglich dazu beigetragen hat, dass wir Hochschullehrer geworden sind), ebenso selbstverständlich tun, noch dass sie dies bereits tun können. Aber wir können ihnen Gelegenheit und Hilfestellung geben, es zu lernen.

Literatur

Brecht, B. (1998). *Leben des Galilei.* Frankfurt: Suhrkamp.

Chasteen, S. V. (2011). The art (and science) of in-class questioning via clickers (learning about teaching physics podcast). http://www.compadre.org/per/items/detail.cfm?ID=11316. Zugegriffen: 9. Aug. 2017.

Della Bella, S., & Galilei, G. (1632). Aristotle, Ptolemy, and Copernicus discussing matters of astronomy beneath Medici family ducal crown and banner/Stefan Della Bella, F. Florence Italy, 1632. [Published] [Photograph] Retrieved from the Library of Congress. https://www.loc.gov/item/92516411/. Zugegriffen: 14. Aug. 2019.

Galilei, G. (1632). *Dialogo di Galileo Galilei Linceo matematico sopraordinario dello studio di Pisa. E filosofo, e matematico primario del serenissimo gr. duca di Toscana. Doue ne i congressi di quattro giornate si discorre sopra i due massimi sistemi del mondo tolemaico, e copernicano; : proponendo indeterminatamente le ragioni filosofiche, e naturali tanto per l'vna, quanto per l'altra parte.* Florenz: Landini.

Halloun, I. A., & Hestenes, D. (1985a). Common sense concepts about motion. *American Journal of Physics, 53*(11), 1056–1065.

Halloun, I. A., & Hestenes, D. (1985b). The initial knowledge state of college physics students. *American Journal of Physics, 53*(11), 1043–1055.

Halloun, I. A., & Hestenes, D. (1987). Modeling instruction in mechanics. *American Journal of Physics, 55*(5), 455–462.

Hanford, E. (2000). Don't lecture me – Rethinking the way college students learn. American Radio Works. http://americanradioworks.publicradio.org/features/tomorrows-college/lectures/. Zugegriffen: 9. Aug. 2017.

Hestenes, D. (1987). Toward a modeling theory of physics instruction. *American Journal of Physics, 55*(5), 440–454.

Mazur, E. (1997). *Peer instruction.* Upper Saddle River: Prentice Hall.

Redish, E. F. (2003). *Teaching physics with the physics suite.* New York: Wiley.

Wieman, C., Perkins, K., & Gilbert, S. (2010). Transforming science education at large research universities: A case study in progress. *Change: The Magazine of Higher Learning, 42*(2), 6–14.

Choreographie von Peer Instruction

In each lecture there is a time for telling.

Daniel Schwartz

2.1   Besuch einer Mathematik–Lehrveranstaltung

Lassen Sie uns eine Mathematik–Veranstaltung zu Differentialgleichungen besuchen. Das Thema sind gewöhnliche Differentialgleichungen 1. Ordnung und Methoden, diese zu lösen. Was ist Ihr Bild von einer solchen Veranstaltung? Was sind Ihre Erwartungen? Was macht der Dozent, was die Studierenden?

Für Sagredo liegen die Antworten auf der Hand: „Der Dozent wird den Stoff präsentieren, wichtige Begriffe definieren, Lösungsverfahren erklären und Beispiele rechnen. Abhängig vom Studiengang wird er Beispiele aus dem Fachkontext wählen, z.B. Dynamik mechanischer Systeme oder elektrische Netzwerke für Physik und Ingenieurwissenschaften oder Populationsdynamik für Biowissenschaften. Die Studierenden werden der Präsentation des Dozenten folgen. Wenn es kein Skript gibt, werden sie mitschreiben. Naja, einige werden nicht besonders aufmerksam sein, im Internet surfen oder irgendetwas anderes machen. Dieser Anteil wird vermutlich umso geringer sein, je besser der Dozent vorträgt und je mehr fachrelevante Beispiele er bringt."

Schauen wir also in die Lehrveranstaltung: Der Dozent erläutert gerade das Verfahren der Trennung der Variablen. Über 100 Studierende sind im Hörsaal. Wie Sagredo vermutet hat, schreiben viele mit. Einige starren auch mit leerem Blick nach vorne. Alle haben vor sich ein Clicker genanntes Abstimmgerät liegen.

Der Dozent geht zu seinem Rechner, projiziert die in Abb. 2.1 dargestellte Fragestellung an die Leinwand des Hörsaals und sagt: „Ich habe Ihnen hier eine Differentialgleichung mitgebracht. Es handelt sich um eine Differentialgleichung 1. Ordnung, denn wie Sie sehen, formuliert die Gleichung einen Zusammenhang zwischen der gesuchten Funktion y und deren

© Springer-Verlag GmbH Deutschland, ein Teil von Springer Nature 2019
P. Riegler, *Peer Instruction in der Mathematik*,
https://doi.org/10.1007/978-3-662-60510-3_2

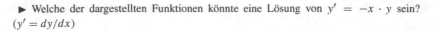

▶ Welche der dargestellten Funktionen könnte eine Lösung von $y' = -x \cdot y$ sein? ($y' = dy/dx$)

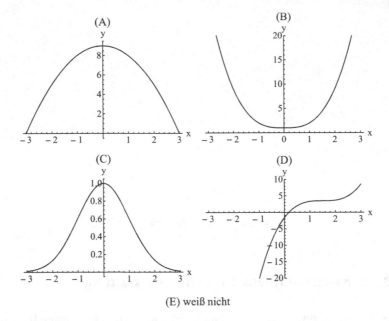

(E) weiß nicht

Abb. 2.1 *Peer–Instruction*–Frage zu Differentialgleichungen. (Adaptiert nach Pilzer et al. (2003); Copyright (C) 2005 by John Wiley & Sons, Inc., mit freundlicher Genehmigung)

Ableitung y'. Wir haben x als unabhängige Variable. Die Ableitung y' ist also die Änderungsrate dy/dx. Nehmen Sie sich etwas Zeit und überlegen Sie, welche der hier graphisch dargestellten Funktionen eine Lösung unserer Differentialgleichung darstellt. Antworten Sie dann mit Ihrem Clicker, indem Sie den entsprechenden Buchstaben drücken."
Gleichzeitig startet der Dozent an seinem Rechner eine Clicker–Frage. Eine Digitaluhr auf dem Bildschirm zählt beginnend bei 90 s rückwärts. Im Hörsaal herrscht angestrengte Stille. Die Studierenden denken sichtlich nach. Manche beugen sich über ihr Blatt und rechnen. Etwa 30 s nach dem Start der Frage nehmen die ersten Studierenden ihren Clicker in die Hand und drücken eine Taste. Auf dem Bildschirm des Dozenten zeigt ein Zähler die Anzahl der eingegangenen Antworten an.

Die Uhr zeigt inzwischen eine Restzeit von 20 s an. Ca. 40 Studierende haben bisher per Clicker geantwortet. Der Dozent verlängert die Antwortzeit um weitere 60 s. Die Uhr zeigt nun 80 s an und zählt weiter rückwärts. Etwa zwei Minuten nach dem Start der Frage sieht der Dozent, dass inzwischen etwa 80 Studierende geantwortet haben und sagt: „Ich sehe, dass die meisten von Ihnen geantwortet haben. Wenn Sie noch zu keiner Antwort gekommen sind, nennen Sie bitte Ihre beste Vermutung."

Zehn Sekunden vor Ende ertönt ein hupendes Signal und auf der Leinwand erscheint ein Countdown: 10-9-8-. . .. Die Zahl der Antworten wächst rapide an und die Hundertermarke wird überschritten.

Der Countdown ist bei 0 angekommen. Auf der Leinwand des Hörsaals erscheint das in Abb. 2.2 gezeigte Histogramm. Der Dozent kommentiert: „Wie ich sehe, besteht kein Konsens darüber, welche der dargestellten Funktionen eine Lösung der Differentialgleichung ist. Suchen Sie sich daher eine Person, die anders geantwortet hat als Sie, und überzeugen Sie diese Person, dass deren Antwort falsch ist." Noch während der Dozent diesen Satz spricht, schwillt der Geräuschpegel im Hörsaal immens an. Die Studierenden diskutieren. Einige zeigen immer wieder auf die Leinwand. Andere laufen durch den Hörsaal auf der Suche nach Kommilitonen, die anders als sie geantwortet haben.

Der Dozent geht durch die Reihen und bleibt hier und da stehen, um den Diskussionen zuzuhören. In einer Gruppe hört er Student 1 sagen, „Da steht y' ist gleich $-x$ mal irgendwas. Die Stammfunktion von $-x$ ist $-x^2/2$, also eine nach unten geöffnete Parabel wie in (A). Daher ist das die richtige Antwort."

Studentin 2 widerspricht, „Die Gleichung $y' = -x \cdot y$ bedeutet ja, dass die Steigung von y null ist, wenn x null ist oder wenn y null ist. Bei $x = 3$ ist im Graph (A) $y = 0$. Also müsste dort die Steigung y' auch null sein. Das ist aber nicht der Fall."

Der Dozent geht weiter. In einer anderen Gruppe sieht er zwei Studierende, die über ein Blatt Papier gebeugt sind, und hört, „. . . und hier trenne ich dann die Variablen, indem ich durch y teile. So wie in dem Beispiel vorhin an der Tafel."

Der Dozent geht weiter durch den Hörsaal, stoppt bei einigen Gruppen und hört den Diskussionen zu. Nach ca. zwei Minuten flauen die Diskussionen ab, der Geräuschpegel wird geringer. Der Dozent sagt: „Bitte beantworten Sie die Frage noch einmal." Die Studierenden nehmen ihre Clicker in die Hand. Innerhalb von zehn Sekunden haben die meisten Studierenden geantwortet. Wieder erscheint ein Histogramm auf der Leinwand, das die Verteilung der abgegebenen Antworten zeigt, s. Abb. 2.3.

Wir verlassen kurz die Lehrveranstaltung. Sagredo stöhnt: „Oh Gott, beim Betrachten der Antwortenverteilung in Abb. 2.2 habe ich geglaubt, dass viele Studierenden nur einen Fehler beim Lösen der Differentialgleichungen gemacht haben. Was Student 1 gesagt hat, lässt mich allerdings befürchten, dass etliche Studierende gar nicht verstanden haben, was

Abb. 2.2 Verteilung der studentischen Antworten auf die in Abb. 2.1 gezeigte Frage vor der *Peer*–Diskussion

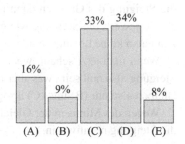

Abb. 2.3 Verteilung der
studentischen Antworten auf
die in Abb. 2.1 gezeigte Frage
nach der *Peer*–Diskussion

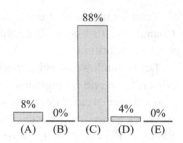

eine Differentialgleichung ausmacht und wo der Unterschied zum gewöhnlichen Integrationsproblem liegt."

Ja, Sagredo, das ist eine ernst zunehmende Problematik. Es ist sicher gut, wenn dies frühzeitig sichtbar wird. Wer das Konzept der Differentialgleichung nicht verstanden hat, wird der Vorlesung schnell nicht mehr folgen können. Zu diesem Zeitpunkt besteht eine gute Chance, dem noch entgegenwirken zu können. Dazu müssen Lehrende aber erst einmal davon erfahren, dass die Studierenden etwas (noch) nicht verstanden haben und worin die Verständnisschwierigkeit besteht. Andernfalls erfahren Lehrende womöglich erst in der Prüfung von solchen Problemen. Das ist sicherlich zu spät.

Den Studierenden ist vielleicht gar nicht bewusst, dass sie etwas nicht verstanden haben. Der Dozent hat es ja vorher so gut und nachvollziehbar erklärt. Oft erscheinen die Dinge klar, bis man selbst Hand anlegen muss. Daher ist es schon ein Gewinn, wenn Studierenden früh Gelegenheit gegeben wird zu merken, dass sie etwas grundlegend falsch verstehen.

Kehren wir in die Lehrveranstaltung zurück: Der Dozent interpretiert das projizierte Histogramm (s. Abb. 2.3): „Die meisten von Ihnen sind nun der Meinung, dass (C) die richtige Antwort ist. Tatsächlich ist (C) der beste Kandidat für die Lösung der Differentialgleichung. Kann jemand von Ihnen erläutern, warum das so ist?"

Student 3 meldet sich: „Wenn man Trennung der Variablen macht, erhält man als Lösung, dass $y(x)$ gleich $\exp(-x^2/2)$ mal einer Konstante ist. Der Graph in (C) sieht genau so aus."

Studentin 2 wirft ein ihn: „Man kann das auch sehen, ohne zu rechnen."

Dozent: „Können Sie das genauer erläutern?"

Studentin 2: „Naja, die Differentialgleichung stellt ja einen Zusammenhang zwischen der gesuchten Funktion und ihrer Ableitung her. Wegen $y' = -x \cdot y$ ist die Ableitung bzw. die Steigung des Graphen dann null, wenn x oder y null ist. Bei (A), (B) und (C) ist bei $x = 0$ jeweils die Steigung wie gefordert null, aber nicht bei (D). Dort ist sie positiv. (D) kann also keine Lösung sein.

Wenn man jetzt schaut, wo $y = 0$ ist, dann ist das in (A) bei $x = 3$. Dort müsste die Steigung also null sein, was aber nicht der Fall ist. Daher kann (A) auch keine Lösung sein. Bleiben also nur (B) und (C) übrig.

Wegen des Minus in der Gleichung, muss im 1. Quadranten, wo x und y ja positiv sind, die Steigung negativ sein."

Der Dozent deutet auf die Differentialgleichung: „Sie haben einen wichtigen Punkt genannt. Lassen Sie mich den nochmal wiederholen: Wir haben die Differentialgleichung $y' = -x \cdot y$. Links steht die Ableitung der gesuchten Funktion. Das Produkt auf der rechten Seite ist im ersten Quadranten positiv, wegen des Minuszeichens ist die rechte Seite dann also negativ. Das heißt, dass die Steigung der gesuchten Funktion im ersten Quadranten negativ sein muss."

Studentin 2 fährt fort: „Ja, genau! Bei (A) und (C) ist die Steigung im 1. Quadranten negativ. Das passt. Aber nicht bei (B). (B) fällt also weg. Also muss (C) die Lösung der Differentialgleichung sein."

Dozent: „Sie haben also ausgeschlossen, dass (A), (B) und (D) Lösungen der Differentialgleichung sein können. Haben Sie damit gezeigt, dass (C) eine Lösung ist?"

Studentin 2: „Nein, eigentlich nicht. Ich habe nur gezeigt, dass (C) einige der Eigenschaften hat, die die Gleichung verlangt."

Dozent: „Was wäre dann zu tun, um zu zeigen, dass (C) tatsächlich eine Lösung der Differentialgleichung ist?"

Studentin 2: „Man müsste die Lösung berechnen. Vielleicht hilft hier dieses Verfahren der Trennung der Variablen, das wir vorhin besprochen haben. Ich weiß es aber nicht."

Dozent: „Das werden wir uns gleich ansehen und durch Berechnung nachweisen, dass (C) tatsächlich eine Lösung der Differentialgleichung ist. Ich will aber vorher nochmal auf die anderen Antwortmöglichkeiten schauen. Es ist wichtig, dass Sie feststellen können, dass etwas *nicht* Lösung einer Differentialgleichung ist, z. B. in der Art wie Ihre Kommilitonin es gerade getan hat. Vorhin haben viele von Ihnen eine andere Antwort als (C) gegeben. Wie könnte jemand denken, der zu einer anderen Antwort gekommen ist, und was ist möglicherweise am Gedankengang falsch?"

Student 4 meldet sich: „Ich hatte vorhin (A) geantwortet, weil um y aus y' zu berechnen, muss man y' integrieren. y' ist im wesentlichen minus x, was integriert $-x^2$ ergibt, also eine nach unten geöffnete Parabel so wie in (A). Ich verstehe ja die Argumentation, dass die Steigung bei $x = 3$ null sein muss. Ich sehe aber nicht, was falsch ist an meinen Gedanken."

Der Dozent schreibt die Differentialgleichung an die Tafel

$$\frac{dy}{dx} = -x \cdot y$$

und ergänzt

$$y(x) = -\int x \cdot y \ dx$$

mit den Worten „Sie sagen, es muss nur die rechte Seite integriert werden, um y zu bestimmen".

Student 4 erwidert: „Richtig. Und jetzt kann man y vor das Integral ziehen."

Dozent: „Was ist y?"

Student 4: „Eine Konstante." Einige Studierende im Hörsaal schütteln den Kopf.

Dozent: „Und was ist y auf der rechten Seite vom Gleichheitszeichen?"

Student 4: „Die gesuchte Funktion – oh, dann ist rechts y ja ein $y(x)$ und man kann das nicht vor das Integral ziehen. Aber dann geht Integrieren doch gar nicht, weil man unter dem Integral das $y(x)$ braucht, das man ja noch berechnen will."

Der Dozent hat parallel zu den Äußerungen von Student 4 den Tafelanschrieb modifiziert:

$$\frac{dy}{dx} = -x \cdot y(x)$$

$$y(x) = -\int x \cdot y(x) \; dx$$

Er erwidert: „Das sehen Sie völlig richtig. Das ist ja genau ein Kennzeichen von Differential-gleichungen. Die Ableitung der gesuchten Funktion hängt von der gesuchten Funktion selbst ab. Deshalb können wir nicht einfach integrieren, wie Sie richtig erkannt haben. Erinnern Sie sich, das ist genau die Problematik, die ich zu Beginn dieses Kapitels thematisiert hatte. Wir können in diesem Fall aber die Differentialgleichung durch Trennung der Variablen auf zwei gewöhnliche Integrationsprobleme zurückführen, indem wir die unabhängige und die abhängige Variable jeweils auf einer Seite sammeln." Er schreibt dazu

$$\frac{dy}{y} = -x \cdot dx$$

an die Tafel, um so mittels Trennung der Variablen die Differentialgleichung zu lösen.

Wir verlassen an dieser Stelle die Lehrveranstaltung wieder. Was Sie in diesem Aus-schnitt erlebt haben, war ein für *Peer Instruction* typisches Geschehen. Während zu Beginn die meisten Studierenden die Aufgabenstellung nicht korrekt lösen konnten, waren nach einer Diskussionsphase fast alle in der Lage dies zu tun. Diese Phase ist namensgebend für die Methode *Peer Instruction:* Die Kommilitonen (die *Peers*) übernehmen einen wichtigen Anteil in der Lehre *(Instruction)*. Der Harvard–Physiker Eric Mazur hat den Begriff geprägt um zu betonen, dass bei *Peer Instruction* das Lernen der Studierenden von- und miteinander wesentlich ist (Mazur 1997).

Es liegt nicht unbedingt auf der Hand, dass Studierende einen solchen Anteil an der Lehre übertragen bekommen sollten. Schließlich sind die Lehrenden die Experten. Warum sollten Experten zeitweise zurücktreten und Studierende, also absolute Laien und Neulinge, in die Lehre einbinden?

Experten haben einen gravierenden Nachteil in der Lehre: ihre Expertise. Als Exper-ten sehen sie mitunter nicht mehr die Schwierigkeiten, die Neulinge mit einem Konzept haben. Als Experten haben sie diese Schwierigkeiten schon vor langer Zeit überwunden. Als Experten haben sie zudem das Privileg, regelmäßig mit den zu lehrenden wissenschaft-lichen Konzepten arbeiten zu dürfen. Für sie sind daher selbst schwierige Konzepte klar.

Personen, die ein Konzept gerade erst begriffen haben, sind hier im Vorteil. Nehmen wir die Studierenden Anna und Boris. Anna hat ein bestimmtes Konzept gerade begriffen, Boris hat noch Schwierigkeiten damit. Anna kann Boris dieses Konzept wahrscheinlich viel besser erklären als ihr Dozent. Sie hat die damit verbundenen Schwierigkeiten ja erst kürzlich überwunden und kann Boris so gut dabei unterstützen seine, wahrscheinlich ähnlichen[1], Schwierigkeiten zu überwinden. Der Dozent als Experte dagegen ist in seiner eigenen Entwicklung oft Jahrzehnte von diesen Schwierigkeiten entfernt.

Zudem profitiert Anna, indem sie Boris erklärt, was sie selbst gerade verstanden hat. Ein alter Professorenspruch geht in dieselbe Richtung: „Ich will endlich mal Kategorientheorie lernen. Ich sollte die Vorlesung dazu machen." Hier kommt zum Ausdruck: Wer Dinge erklären muss, muss sich damit auseinandersetzen. Dinge anderen zu erklären, hilft die Dinge zu lernen und zu verstehen – oder zu bemerken, dass man etwas noch nicht gut versteht.

Sagredo ist begeistert: „Wahnsinn! So etwas wie in dieser Vorlesung zu Differentialgleichungen erlebe ich leider selten in meinen Lehrveranstaltungen: dass die Studierenden wirklich bei der Sache sind, auch in einem Fach, das nicht unbedingt zu ihren Favoriten zählt! Mir stellen sich dennoch viele Fragen, zum Beispiel: Wieso verwendet der Dozent so viel Zeit auf die falschen Antworten? Lernen die Studierenden bei *Peer Instruction* wirklich? Es könnte doch auch sein, dass die schwachen Studierenden den guten einfach glauben. Außerdem scheint mir *Peer Instruction* einen substantiellen Anteil der Lehrveranstaltungszeit in Anspruch zu nehmen. Bekommt man da noch seinen Stoff durch?"

Vermutlich haben Sie ebenso wie Sagredo viele Fragen. Wir werden Sagredos Fragen und weitere in den folgenden Abschnitten und Kapiteln aufgreifen. Außerdem enthält das Kap. 12 eine Sammlung häufig gestellter Fragen und deren Beantwortung. Lassen Sie uns im Weiteren zunächst den Ablauf von *Peer Instruction* analysieren und festhalten.

2.2   Ablauf von Peer Instruction

Peer Instruction kann in drei Phasen untergliedert werden: Individualphase, *Peer*–Phase und Expertenphase. In der Individualphase beantworten Studierende die vom Dozenten gestellte Frage individuell. Das Ziel dieser Phase ist nicht nur die Studierenden zu aktivieren, sondern auch einen Dissens über wichtige Konzepte oder Gedankengänge des Faches zu erzeugen und sichtbar zu machen.

Ein solcher Dissens ist ein wichtiges aktivierendes Element bei *Peer Instruction*. Er ist Voraussetzung für das Gelingen der *Peer*–Phase, in der Studierende den Auftrag erhalten, mittels Diskussionen in Kleingruppen zu einem Konsens bei der Beantwortung der Fragestellung zu kommen. Ohne Dissens gibt es keinen Anlass zur Diskussion! Häufig gelingt es den Studierenden den angestrebten Konsens tatsächlich zu erzielen. Es gelingt ihnen dann also, wichtige Gedankengänge oder die Bedeutung wichtiger Fachkonzepte ohne die

---

[1]Die Annahme, dass Studierenden ähnliche Schwierigkeiten haben, ist eine erstaunliche, aber empirisch gut belegte Tatsache. Auf dem ersten Blick mag es zwar plausibel erscheinen, dass es sehr viele Möglichkeiten gibt, etwas nicht zu verstehen. Es stellt sich allerdings heraus, dass unter diesen vielen Möglichkeiten nur ein paar wenige häufig auftreten. Kap. 5 widmet sich u. a. dieser, letztendlich kognitiven Grundlage von *Peer Instruction*.

Erläuterungen durch den Dozenten zu erarbeiten. Nur in besonderen Ausnahmefällen sollten Dozenten auf die *Peer*–Phase verzichten.

Erst in der dritten Phase, der Expertenphase, ist Raum für Lehrende als Experten aufzutreten, während sie vorher allenfalls als Moderatoren aufgetreten sind.[2] Nachdem sich die Studierenden intensiv mit der Fragestellung auseinander gesetzt haben, ist nun die Gelegenheit sie an den Gedankengängen und Sichtweisen von Experten teilhaben zu lassen und offene Fragen von Expertenseite klären zu lassen.

Abb. 2.4 zeigt einen Überblick über die drei Phasen von *Peer Instruction*. Die Details werden unten ausgeführt werden.

Ein wichtiger Faktor für das Gelingen von *Peer Instruction* ist die Qualität der Fragen. Besonders geeignet sind Konzeptfragen, also Fragen, in denen wissenschaftliche Konzepte und deren Bedeutung im Mittelpunkt stehen.

Von der Form her sind *Peer–Instruction*–Fragen in der Regel *Multiple–Choice*–Fragen. Dies ermöglicht den Lehrenden nicht nur ein schnelles und beim Einsatz geeigneter Technologie auch vollautomatisches Erfassen der studentischen Antworten. Dieses Format erlaubt zudem gerade bei Konzeptfragen charakteristische und häufig vertretene problematische Vorstellungen (sogenannte Fehlkonzepte) in den falschen Antwortmöglichkeiten zu kodieren. Geeignete Fragenformate und die Gestaltung solcher Fragen werden der Schwerpunkt des Kap. 6 sein.

Hier wenden wir uns zunächst den Bausteinen und der Gestaltung der drei Phasen von *Peer Instruction* zu.

Individualphase

Der Individualphase geht oft Lehrveranstaltungszeit voraus, in der der Gegenstand der *Peer–Instruction*–Frage bereits thematisiert wurde. Ebenso gut kann eine solche Frage den Beginn eines Lehrveranstaltungsabschnitts markieren, vorausgesetzt die Studierenden kennen die in der Aufgabenstellung verwendeten Begriffe bereits. (Beachten Sie, dass das Kennen eines Begriffs nicht gleichbedeutend mit dem Verstehen der Bedeutung dieses Begriffs ist.)

Das Vorstellen der Aufgabenstellung erfordert von Lehrenden die Entscheidung, ob sie diese vorlesen oder nicht. Im Allgemeinen ist es am günstigsten, die Studierenden die Aufgabenstellung selbst lesen zu lassen und die Frage nur kurz anzumoderieren. Wenn Studierende die Aufgabenstellung selbst lesen, haben sie die Möglichkeit, in ihrem eigenen Tempo zu lesen. Dies ist umso sinnvoller, je länger der Fragentext ist.

Andererseits ist es manchmal erforderlich die Aufgabenstellung ganz oder teilweise vorzulesen. Dies kann beispielsweise der Fall sein, wenn mündliche Ergänzungen notwendig sind, etwa weil die Aufgabe aus einer Aufgabensammlung übernommen wurde und Erläuterungen für die Studierenden verlangt (z.B. „Wie Sie sehen, geht es hier darum,

---

[2]Mehr noch als Moderatoren treten Lehrende bei *Peer Instruction* als Pädagogen auf – als Designer von Lernaktivitäten.

Individualphase

Studierende beantworten Frage individuell. Gute, für Peer Instruction geeignete Fragen führen idealerweise zu Dissens.

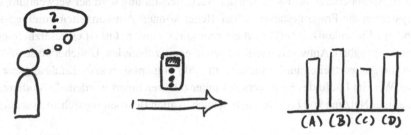

Peer-Phase

Studierende versuchen sich gegenseitig von der Richtigkeit ihrer Antworten zu überzeugen. Dabei setzt sich häufig die dem Lehrziel entsprechende Antwort durch. Für Lehrende bietet diese Phase die Möglichkeit zu erfahren, wie Studierende denken und was für diese schwierig ist.

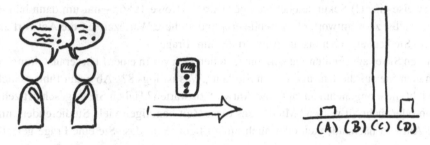

Expertenphase

Diskussion von Begründungen und Gedankengängen (auch von falschen!) im Plenum

Abb. 2.4 Charakteristische Phasen von *Peer Instruction*

die komplex Konjugierte von $\exp(i\pi/2)$ zu bestimmen. Hier wird allerdings die imaginäre Einheit mit j bezeichnet, deshalb steht hier $\exp(j\pi/2)$."').

Nach dem Anmoderieren oder Vorlesen der Aufgabenstellung wird bei Verwendung von Clicker–Systemen die Frage gestartet. In der Regel können Antwortzeiten voreingestellt werden und zur Fragenlaufzeit verlängert oder verkürzt werden. Oft ist es zusätzlich möglich, die noch verfügbare Antwortzeit anzuzeigen oder auszublenden. Üblicherweise dürften voreingestellte Antwortzeiten im Bereich um die 90 s angemessen sein. Erfahrungsgemäß kann dieser Wert im Laufe des Semesters auf unter 60 s verringert werden, da Studierende bei regelmäßiger Nutzung von *Peer Instruction* auch in allen Bearbeitungsschritten schneller werden.

Sagredo ist etwas besorgt: „Antwortzeiten von über einer Minute – ist das nicht viel zu lange? Wenn ich in meinen Lehrveranstaltungen eine Frage stelle, würde ich nie so lange warten, bis Studierende antworten." Sagredo hat sicher Recht, *er* würde nicht so lange warten. Tatsächlich ist es so, dass Lehrende, nachdem sie eine Frage gestellt haben, typischerweise eine (!) Sekunde oder weniger warten (Rowe 1986) – nur um dann häufig ihre Frage selbst zu beantworten! Lehrende empfinden diese Wartezeit auf die Antwort als sehr lange. Sie kennen ja bereits die Antwort auf ihre Frage.

Probieren Sie es aus! Halten Sie kurz inne, stellen sich vor in einer Lehrveranstaltung zu sein, schauen Sie auf die Uhr und fragen Sie laut „Was ist $\log_2 8$?" Ab wann fühlt es sich für Sie nicht mehr angenehm an, auf eine Antwort zu warten? Haben Sie es geschafft zehn Sekunden oder mehr zu warten? Mindestens diese Zeit benötigen viele Studierenden, um über die Antwort nachzudenken oder auch um zu bemerken, dass Sie eine Frage gestellt haben!

Peer Instruction hilft auf recht einfache Weise, den Studierenden die Zeit zu geben, die sie zum Erfassen der Aufgabenstellung und zum Denken benötigen. Solange erst wenige Antworten eingegangen sind, benötigen die meisten Studierenden noch Zeit. Dann ist es meistens sinnvoll, die Bearbeitungszeit zu verlängern. Orientieren Sie sich an einer Marke von ca. 75 % der anwesenden Studierenden. Verlängern Sie die Bearbeitungszeit u. U. in der Größenordnung 30 s, solange diese Marke nicht erreicht ist. Warten Sie aber umgekehrt nicht darauf, dass wirklich alle Studierenden geantwortet haben. Wenn Sie auf die letzten warten, laufen Sie Gefahr, dass die ersten anfangen sich mit anderen Dingen zu beschäftigen. Drängen Sie daher die Nachzügler zu antworten, sobald die 75 %-Marke überschritten ist, etwa durch Formulierungen der Art

> „Ich sehe, dass die meisten von Ihnen geantwortet haben. Wenn Sie das noch nicht gemacht haben, tun Sie das bitte in den nächsten zehn Sekunden."

Nachdem die Studierenden geantwortet haben, fällt für Dozenten die wichtige Entscheidung an, ob sie die Studierenden in die *Peer*–Phase schicken, also ob sie die Studierenden diskutieren lassen. Eine Entscheidungsgrundlage dafür ist die Verteilung der studentischen Antworten. Kriterien zur Entscheidungsfindung werden in der Beschreibung der *Peer*-Phase erläutert werden. Bevor oder während Sie diese Entscheidung treffen, sollten Sie die Antwortverteilung paraphrasieren und ggf. zeigen. Abhängig von der konkreten Antwortverteilung kann eine der folgenden Formulierungen geeignet sein:

> „Wie ich sehe, haben Sie keinen Konsens darüber, was richtig ist."
>
> „Zwei Antworten favorisieren Sie besonders."

Bei Verwendung von Clickern kann zusätzlich das Ergebnis der Abstimmung gezeigt werden. Elektronische Systeme bieten in der Regel diese Funktionalität an, u. U. müssen Sie sogar etwas Aufwand betreiben, wenn Sie das Abstimmungsergebnis sehen, aber es den Studierenden nicht zeigen wollen.[3] Es gibt allerdings auch Gründe, den Studierenden das Antworthistogramm vorzuenthalten und dieses stattdessen nur grob zu beschreiben. Wenn die richtige Antwort[4] die häufigste Antwort ist, kann das ein mögliches studentisches Vorurteil befeuern, dass die häufigste Antwort wohl die richtige ist. Das kann dazu führen, dass in der *Peer*–Diskussion die korrekte Antwort nur aufgrund ihrer Häufigkeit favorisiert wird. („Ich habe eigentlich keine Ahnung. Die meisten anderen haben (D) geantwortet. Also wird (D) wohl richtig sein.") Ein Vorenthalten des Antworthistogramms kann daher dazu beitragen, dass die Diskussion in der *Peer*–Phase vorurteilsfrei geführt wird.

Peer–Phase

Wesentliche Entscheidungsgrundlage für oder gegen das Durchführen der *Peer*–Phase ist die Verteilung der studentischen Antworten auf die *Peer–Instruction*–Frage. Zwei wichtige Parameter sind der Anteil der korrekten Antworten und die Nähe zur Gleichverteilung. Im wesentlichen können drei Fälle auftreten: Im Idealfall sind die Antworten in etwa gleichverteilt. In den anderen beiden Fällen dominiert entweder die richtige oder eine falsche Antwort.

Der Idealfall ist dadurch gekennzeichnet, dass viele der gegebenen Antwortmöglichkeiten tatsächlich gewählt wurden. Es besteht also ein Dissens unter den Studierenden, der die Grundlage für das bildet, was *Peer Instruction* und insbesondere die *Peer*–Phase ausmacht: Studierende erklären sich gegenseitig wichtige Lehrinhalte und unterstützen sich dabei, Verständnisschwierigkeiten zu überwinden. In dieser Situation sollten Sie also unbedingt

---

[3] Sie können dies z. B. erreichen, indem Sie einen zweiten, ggf. virtuellen Bildschirm verwenden. Einige Clicker–Systeme zeigen die Antwortverteilung auf einem Display auf der Basisstation an. Sollten Sie keine technische Möglichkeit haben, den Studierenden das Antwort–Histogramm zu verbergen, ohne es selbst zu sehen, dann klicken Sie das Fenster mit dem Histogramm weg, sobald es sich auf dem Bildschirm geöffnet hat. Diese kurze Zeitspanne der Sichtbarkeit wird ausreichen, dass Sie dem Histogramm die wesentliche Information entnehmen können, ohne dass das bei den Studierenden der Fall ist. Als Experte kennen Sie ja die richtige Antwort.

[4] Die Formulierungen „richtige Antwort" bzw. „korrekte Antwort" sind bei Aufgaben mit mehr als einer richtigen Antwort entsprechend durch die Pluralform zu ersetzen.

Ihre Studierenden auffordern über die Frage zu sprechen. Typische Formulierungen dies zu tun sind:

> „Suchen Sie eine Person, die anders geantwortet hat als Sie, und überzeugen Sie diese davon, dass Ihre Antwort richtig ist."
>
> „Suchen Sie eine Person, die anders geantwortet hat als Sie, und überzeugen Sie diese davon, dass deren Antwort falsch ist."

Die zweite Formulierung nimmt Studierende etwas stärker in die Pflicht. Gerade dann nämlich, wenn sich jemand seiner Antwort unsicher ist, wird er sich gerne von einem (vermeintlich) besseren Kommilitonen erklären lassen, was richtig ist. Eine kritische Auseinandersetzung mit der Argumentation des Kommilitonen könnte dann ausbleiben, ebenso wie die Schilderung der eigenen Argumente. Die zweite Formulierung dagegen verlangt, sich aktiv mit der Argumentation der Kommilitonen auseinander zusetzen.

Wenn bei der Antwortverteilung der für *Peer Instruction* ideale Fall nicht vorliegt, wird eine Antwortmöglichkeit dominieren, z. B. einen Anteil von 70 % oder mehr haben. Dann kann es sinnvoll sein, die *Peer*–Phase zu überspringen. Sollte die korrekte Antwort dominieren, ist es recht plausibel, dass die meisten Studierenden den Sachverhalt verstanden haben. Es besteht dann kaum Potential für gegenseitiges Erklären. Denn wenn z. B. drei von vier Studierenden richtig geantwortet haben, wird bei Diskussionen in Zweiergruppen maximal jede zweite Gruppe kontrovers besetzt sein. In den anderen Gruppen besteht wenig Anlass für eine Diskussion.

Sollte eine falsche Antwort dominieren, besteht ebenso wahrscheinlich in vielen Gruppen wenig Anlass zur Diskussion. Dennoch kann es in diesem Fall sinnvoll sein, in die *Peer*–Phase zu gehen. Sie wissen vermutlich aus eigener Erfahrung, wie häufig man beim Erläutern seiner eigenen Gedanken auf Fehler stößt. Studierenden geht es nicht anders und so kann es durchaus sein, dass eine *Peer*–Diskussion zur richtigen Antwort führt, obwohl diese anfangs kaum gewählt wurde. Gerade in solchen Situationen kann es sinnvoll sein, einen Diskussionsauftrag ähnlich zu der ersten der oben genannten Möglichkeiten zu geben, etwa

> „Wenden Sie sich Ihrer Nachbarin oder Ihrem Nachbar zu und überzeugen Sie diese Person, dass Ihre Antwort korrekt ist."

Achten Sie allerdings darauf, diese Formulierung nicht regelmäßig in solchen Situationen zu verwenden, damit die Studierenden nicht konditioniert werden, diese Formulierung als Signal dafür zu sehen, dass die richtige Antwort kaum gewählt wurde.

Situationen mit hohem Anteil einer einzigen falschen Antwort und allgemein mit geringem Anteil korrekter Antworten sind didaktisch besonders interessant und informativ. Es ist hier ratsam zu überlegen, warum das Ergebnis so ausgefallen ist. Vielleicht liegt es daran, dass Studierende charakteristische falsche Vorstellungen von einem Sachverhalt haben (sogenannte Fehlkonzepte, vgl. Kap. 5) und daher eine falsche Antwort, die dieses Fehlkonzept ausdrückt, vorrangig wählen. Gerade wenn Ihnen studentische Fehlkonzepte im Kontext der gestellten Frage nicht bekannt sind, ist es in Situationen mit dominierenden falschen Antworten sinnvoll in die *Peer*–Phase zu gehen. Sie erhalten dadurch die Möglichkeit Details über das Denken Ihrer Studierenden zu erhalten und so Fehlkonzepte zu identifizieren.

Abb. 2.5 fasst die Kriterien, die zur Entscheidung für oder gegen die *Peer*–Phase beitragen, in einem Ablaufdiagramm zusammen.

Wir sind in der Analyse des Ablaufs von *Peer Instruction* nun an deren Kern angelangt: Studierende befassen sich in einer Diskussion intensiv mit fachlichen Zusammenhängen und argumentieren, was zutrifft bzw. nicht zutrifft. Diese Aktivierung der Studierenden ist für sich alleine schon lohnend und bietet Studierenden eine Abwechslung in der möglichen Monotonie traditioneller Vorlesungen. Noch lohnender ist Folgendes: Studierende, die

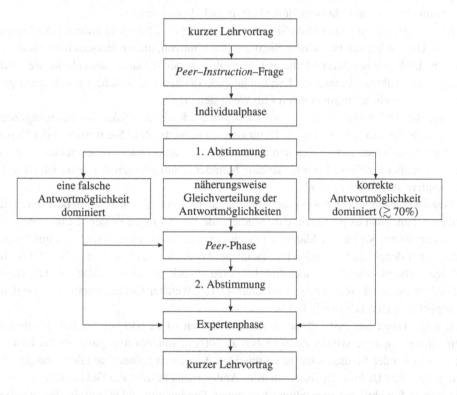

Abb. 2.5 Ablaufdiagramm von *Peer Instruction* mit Entscheidung, ob die *Peer*–Phase stattfindet (Darstellung in Anlehnung an Lasry et al. (2008)). In die Entscheidung können auch andere Faktoren einfließen, etwa Lernziele oder Zusammensetzung der Studierenden. Unter Umständen kann es sinnvoll und wirksam sein, in die *Peer*–Phase zu gehen, obwohl eine falsche Antwortmöglichkeit dominierend gewählt wurde und damit auch der Anteil an der korrekten Antwortmöglichkeit gering ist. Generell ist es immer dann sinnvoll in die *Peer*–Phase zu gehen, wenn ein hoher Anteil an falschen Antwortmöglichkeiten unerwartet ist. Diese Phase ermöglicht Lehrenden bei den studentischen Diskussionen zuzuhören und so mehr über die Gründe für die Antwortenwahl zu erfahren

Schwierigkeiten haben, einen fachlichen Zusammenhang zu verstehen, erhalten eine Erklärung für diesen Zusammenhang, die sie zu diesem Zeitpunkt mitunter besser verstehen als die Erläuterungen von Lehrenden. Die erklärenden Kommilitonen selbst haben die fachlichen Schwierigkeiten meist erst vor Kurzem überwunden und sind so „näher dran" als der Dozent.

Die *Peer*–Phase ist auch für die Studierenden gewinnbringend, die den fachlichen Zusammenhang bereits richtig verstehen. Sie festigen ihr eigenes Verständnis, indem sie passende Argumente formulieren.

Für *Peer Instruction* ist es wertvoll, dass es „gute" und „schwache" Studierende gibt: solche, die sich leichter tun Dinge zu begreifen, und solche, bei denen sich typische Schwierigkeiten besonders offenbaren. Heterogenität ist daher für *Peer Instruction* keine Herausforderung, sondern hilfreich. *Peer Instruction* entproblematisiert Heterogenität von Studierenden wie kaum eine andere Lehrmethode und macht sich diese zunutze.

Ebenso gewinnbringend wie für Studierende ist die *Peer*–Phase für Lehrende. Als Dozentin oder Dozent können und sollten Sie diese Phase nutzen, um im Hörsaal herumzugehen und den Diskussionen Ihrer Studierenden zuzuhören. Sie erhalten dadurch die wertvolle Gelegenheit wahrzunehmen, wie Ihre Studierende denken und welche Vorstellungen ggf. dem Begreifen eines Zusammenhangs im Wege stehen.

Widerstehen Sie allerdings der Versuchung in studentische Diskussionen einzugreifen oder gar Studierende zu berichtigen. Dafür ist noch nicht die Zeit! Sie werden in der Expertenphase Gelegenheit dazu haben und dann auch alle Studierenden erreichen und nicht nur die Gruppe, bei der Sie sich gerade zufällig befinden. Zum jetzigen Zeitpunkt lehren nicht Sie, sondern Ihre Studierenden!

Wenn Sie während der *Peer*–Phase studentischen Diskussionen zuhören oder durch die Reihen gehen, kann es passieren, dass Studierende Ihnen Fragen stellen. Beantworten Sie diese nur, wenn es sich um klärende Fragen handelt. Wenn es sich dagegen um Fragen handelt, bei denen die Fragenden Ihre fachliche Autorität nutzen wollen (z. B. „(C) ist die richtige Antwort, oder?"), können Sie die Frage zurück geben und dabei die Fragenden auffordern ihre Gedankengänge zu erläutern (z. B. „Welcher Gedankengang hat Sie denn dazu gebracht, dass (C) richtig ist?").

Um die Dauer der *Peer*–Phase zu dimensionieren ist es wie bei der Individualphase sinnvoll, keinen allzu starren Zeitvorgaben zu folgen, sondern angepasst an das Diskussionsverhalten der Studierenden zu entscheiden. Einerseits sollten Sie allen Gruppen die Zeit geben, ihre Diskussion abzuschließen. Andererseits besteht die Gefahr, dass schnelle Gruppen sich nicht-lehrveranstaltungsbezogenen Dingen zuwenden, um die Wartezeit zu nutzen. Indizien wie abfallender Geräuschpegel und eine merkliche Anzahl Studierender, die nicht mehr an Konversationen beteiligt sind, sind bewährte Entscheidungsgrundlagen um einen Mittelweg zu finden.

Wenn Sie also bemerken, dass die Diskussionen abflauen und der Geräuschpegel geringer wird, ist es Zeit die *Peer*–Phase zu beenden und zum erneuten individuellen Antworten aufzufordern. Als Formulierung reicht ein kurzes „Antworten Sie bitte noch einmal" aus.

Starten Sie bei Verwendung von Clickern gleichzeitig eine neue Abstimmung. An dieser Stelle kann es hilfreich sein, voreingestellte Antwortzeiten kurz zu bemessen, um den Studierenden zu signalisieren, dass sie zügig antworten sollen.

Im Gegensatz zur Individualphase sollten Sie die Verteilung der Antworten nun auf jeden Fall zeigen. Sehr häufig offenbart sich hier das „*Peer–Instruction*–Wunder": In der Verteilung der Antworten dominiert die korrekte sehr deutlich. Die Studierenden sollten diese Information sehen können, selbst wenn zu diesem Zeitpunkt noch nicht unbedingt klar ist, dass die dominierende Antwort tatsächlich korrekt ist. Zeigen Sie die Antwortverteilung selbst dann, wenn das „*Peer–Instruction*–Wunder" nicht eingetreten sein sollte, um sich in der Expertenphase darauf beziehen zu können.

Sagredo hat Zweifel: „Ich sehe ja ein, dass Studierende für sie neue Zusammenhänge manchmal effektiver erklären können als ich als Dozent. Ich sehe auch ein, dass Studierenden ermöglicht werden sollte, über die Zusammenhänge zu sprechen und diese selbst zu formulieren. Aber findet dabei wirklich Lernen statt? Vielleicht plappern schlechte Studierende ja nur das nach, was ihnen gute Studierende während der *Peer*–Phase sagen. Außerdem mag es ja sein, dass sich Studierende fälschlicherweise im Zustand wähnen, etwas verstanden zu haben, nachdem ich es erklärt habe. Nur, was macht es da für einen Unterschied, ob ich es gut erkläre oder ein Kommilitone, der die Sache gerade erst kapiert hat? Und besteht nicht die Gefahr, dass sich die Studierenden die richtigen Zusammenhänge auf falsche Weise erklären?"

Nun, Sagredo, wie Du selbst sagst, ist es sinnvoll, dass den Studierenden Gelegenheit gegeben wird, im Lernprozess frühzeitig fachliche Zusammenhänge zu verbalisieren. Selbst wenn die Studierenden dabei nicht die gewünschten Zusammenhänge erlernen sollten, werden sie ggf. beim Verbalisieren schnell bemerken, dass sie etwas *nicht* verstanden haben. Das schafft Bewusstsein darüber, woran sie arbeiten müssen, und auch Aufmerksamkeit für die bevorstehenden Erläuterungen des Dozenten in der Expertenphase. Die hier maßgebliche Erweiterung gegenüber einer Erklärung durch den Dozenten ist das Verbalisieren durch die Studierenden.

Die Fragestellung, ob Studierende in der *Peer*–Phase tatsächlich lernen oder vielleicht einfach nur der Argumentation von vermeintlich besseren Kommilitonen folgen, ist für die Wirksamkeit von *Peer Instruction* natürlich kritisch. *Peer Instruction* ist nicht nur weit verbreitet, sondern inzwischen auch recht gut erforscht, so auch die hier angesprochene Fragestellung. Wir werden uns mit dieser und anderen Fragestellungen und den Forschungsbefunden im Kap. 3 im Detail befassen. Um Sagredos Frage schon jetzt kurz zu beantworten: *Peer Instruction* begünstigt tatsächlich das Lernen.

Die Gefahr, dass Studierende sich selbst richtige Zusammenhänge auf falsche Weise erklären, besteht natürlich. Sie besteht übrigens auch sonst. Auch ohne *Peer Instruction* werden Studierende versuchen sich den Stoff gegenseitig zu erklären – nur außerhalb der Lehrveranstaltung und in einer weniger strukturierten Form. Der wesentliche Unterschied bei *Peer Instruction* besteht erstens darin, dass Lehrende die Chance haben, die von Sagredo befürchteten falschen Erklärungen im Verlauf der *Peer Instruction* zu bemerken, und zweitens, dass sie die Möglichkeit haben, diese zu korrigieren. Diese Möglichkeit haben sie im Falle des gegenseitigen Erklärens außerhalb der Lehrveranstaltung nicht. Auf falsche Erklärungen können Lehrende bereits beim Herumgehen und Zuhören in der *Peer*–Phase aufmerksam werden, aber auch in der Expertenphase. Während dieser letzten Phase der *Peer Instruction* haben Lehrende auch die Möglichkeit solche falschen Erklärungen zu korrigieren, selbst wenn sie diese nicht wahrgenommen haben.

Expertenphase

Die Expertenphase dient der Ergebnissicherung, ermöglicht offene Fragen zu klären und bietet vor allem die Gelegenheit für das, was eine Lehrveranstaltung auszumachen scheint: Lehrvortrag. Unabhängig davon, ob das *„Peer–Instruction*–Wunder" tatsächlich eingetreten ist, haben die Studierenden sich zunächst individuell und dann in Gruppendiskussionen mit der Thematik der *Peer–Instruction*-Frage auseinander gesetzt. Nun wollen sie wissen, wie sich die Dinge wirklich verhalten. Nun sind sie bereit (d. h. vorbereitet und willig) den Ausführungen der Lehrenden zuzuhören. Nun ist *a Time for Telling* (Schwartz und Bransford 1998) – der Zeitpunkt für „Vorlesen", der Zeitpunkt für Erläuterungen durch den Dozenten.

Schauen wir uns dies zunächst für den Fall an, dass das *„Peer–Instruction*–Wunder" eingetreten ist, dass also nach der *Peer*–Phase die meisten Studierenden die richtige Antwort gegeben haben. Man könnte meinen, dass nun alles perfekt sei, die *Peer Instruction* „funktioniert" habe und jetzt nur noch aussteht zu verkünden, dass die favorisierte Antwort tatsächlich die richtige ist. Das würde für die Studierenden, die anders geantwortet haben, aber nicht erklären, warum die favorisierte Antwortmöglichkeit die richtige ist. Daher ist es an dieser Stelle sinnvoll, wenn Lehrende mit ihren Worten die Zusammenhänge und die Begründung für die Korrektheit der favorisierten Antwort erläutern (oder erläutern lassen, s. unten). Dabei können sie auch im Fach übliche Begriffe und Ausdrucksweisen einfließen lassen, die die Studierenden während der Diskussion vermutlich noch nicht oder nicht unbedingt korrekt verwendet haben. Jetzt ist der Zeitpunkt für Erläuterungen durch Lehrende!

Außerdem bietet sich hier eine weitere Gelegenheit der Gefahr zu begegnen, dass sich Studierende Zusammenhänge auf falsche Weise erklären, worauf Sagredo aufmerksam gemacht hatte. Durch ihre Erläuterungen können Lehrende eventuell falsche Erklärungen der Studierenden untereinander korrigieren. Sie haben zudem eine weitere Chance, diese sichtbar zu machen, wenn sie zunächst Studierende erläutern lassen, warum die favorisierte Antwortmöglichkeit die richtige ist. Dabei helfen Formulierungen der Art

> „Die meisten von Ihnen haben (A) geantwortet, was auch die richtige Antwort ist. Mag jemand von Ihnen begründen, warum (A) richtig ist?"

Wenn nun eine Studentin oder ein Student den richtigen Sachverhalt falsch erläutert, können Sie darauf aufmerksam machen und eine korrekte Argumentation nennen. Es ist also durchaus sinnvoll, zunächst Studierende die korrekte Antwort erläutern zu lassen und anschließend als Dozent diese Erläuterungen ggf. zu ergänzen und die Korrektheit der favorisierten Antwortmöglichkeit als „Fachautorität" zu begründen.

Weniger offensichtlich als das Thematisieren der korrekten Antwortmöglichkeit ist das Thematisieren der falschen Antwortmöglichkeiten. Sagredo hatte das bereits am Ende des Abschn. 2.1 angesprochen. Warum ist es also wertvoll, Zeit auf die Diskussion falscher Antworten zu verwenden?

Studierende werden die falschen Antworten nicht ohne Grund gewählt haben. Erfahrungsgemäß ist der Grund oft in Fehlvorstellungen zu finden. Um den Studierenden beim Überwinden solcher problematischer Vorstellungen zu helfen, müssen diese erst einmal sichtbar gemacht werden. Erst dann können Lehrende als Experten darauf eingehen. Erst dann werden sie von den Studierenden gehört. Erst dann ist *a Time for Telling*.

Daher ist es sinnvoll, zumindest eine der in der Individualphase häufig gewählten falschen Antworten zu thematisieren, insbesondere wenn diese kritische Fehlkonzepte kodieren. Formulierungen der Art

> „Vorhin hatten viele von Ihnen noch (B) geantwortet. Was könnte man denken, so dass man (B) als Antwort wählt?"

laden Studierende ein, die entsprechenden Gedankengänge im Plenum zu äußern. Sie erlauben den Studierenden das Gesicht zu wahren, weil sie nicht zugeben müssen, einen Fehler gemacht zu haben. In der Regel bekennen sich antwortende Studierende trotzdem mit Formulierungen wie „Ich habe vorhin (B) geantwortet, weil ..." Für sie ist Gesichtswahrung jetzt nicht mehr wichtig, denn zum einen haben sie gesehen, dass auch andere so wie sie denken, und zum anderen wollen sie nun wirklich wissen, was richtig bzw. falsch ist und warum dem so ist.

Im Fall, dass das „*Peer–Instruction*–Wunder" nicht eingetreten ist, also entweder eine falsche Antwortmöglichkeit favorisiert wird oder die Antwortverteilung eher gleichverteilt ist, sind Sie als Lehrender auf jeden Fall in Ihrer Expertenrolle gefragt. Sehen Sie diesen Fall nicht als negativ an. Denn auch hier haben Sie die Aufmerksamkeit der Studierenden gewonnen. Nun können Sie „vorlesen". Sie können dies auf verschiedene Weise tun, z. B. indem Sie sofort die Expertenrolle einnehmen oder indem Sie zusammen mit den Studierenden kollaborativ an die Erklärung herangehen. Im ersten Fall können Sie Ihre nun folgende Mini–Vorlesung mit Formulierungen der folgenden Art einleiten:

> „Ich hatte gehofft, dass Sie in der Diskussion die richtige Antwort finden. Das hat leider nicht geklappt. Lassen Sie mich Ihnen zeigen, wie ich an die Sache herangehe."

Im zweiten Fall binden Sie die Studierenden ein, indem Sie sukzessive mit diesen durch die Antwortmöglichkeiten durchgehen:

„Schade, ich hatte gehofft, dass Sie in der Diskussion auf die richtige Antwort kommen. Lassen Sie uns erst mal sammeln, welche Argumente zu den einzelnen Antwortmöglichkeiten führen. Welche Gedanken können dazu führen, dass man (A) antwortet?"

Fragestellungen, die selbst nach der *Peer*–Diskussion mehrheitlich falsch beantwortet werden, sollten Sie besondere Aufmerksamkeit schenken. Zum einen sollten Sie sich überlegen und herausfinden, warum dies so ist. Es könnte z. B. daran liegen, dass die Frage zu schwer ist oder dass sie missverständlich formuliert ist. Zum anderen sollten Sie diese Fragestellung beim nächsten Durchgang des Kurses ggf. streichen oder vorher überarbeiten.

Sagredo beschäftigt, ob und wie *Peer Instruction* verkürzt werden kann: „Ich verstehe nun die Struktur von *Peer Instruction* und den Sinn der einzelnen Phasen. Trotzdem macht mir der Zeitaufwand weiterhin Sorgen. An welchen Stellen kann man denn sinnvoll kürzen?"

Es mag in begründeten Einzelfällen sinnvoll sein vom Schema abzuweichen und bspw. eine der drei Phasen wegzulassen. Aber gerade, wenn *Peer Instruction* für Sie neu ist, sollten Sie sich anfangs recht eng an das Schema halten. Lernen Sie erst den Wert des Geschehens in den einzelnen Phasen kennen, damit Sie wissen und verstehen, was Sie ggf. verlieren, wenn Sie kürzen. So werden Sie mit der Zeit ein Gefühl dafür entwickeln, wann es sinnvoll ist vom Schema abzuweichen. In Kap. 4 werden wir genauer untersuchen, wie und wieso jede Phase in der Regel wesentlich für die Wirksamkeit von *Peer Instruction* ist.

Zusammenfassung: Choreographie von Peer Instruction
Individualphase: Studierende antworten individuell

1. Binden Sie die Frage in den aktuellen Kontext der Lehrveranstaltung ein.
2. Entscheiden Sie, ob Sie die Frage vorlesen oder die Studierenden selbst lesen lassen.
3. Bitten Sie die Studierenden, die Frage individuell zu beantworten. Formulierungsvorschlag: „Denken Sie darüber nach und antworten Sie dann mit Ihrem Clicker."
4. Entscheiden Sie, wie viele Antworten Sie „einsammeln" wollen (nahe 100 % oder genügen 80 % der anwesenden Studierenden?).
5. Achten Sie darauf, wie schnell die Antworten eingehen, und verlängern oder verkürzen Sie ggf. die Antwortzeitbegrenzung.
   Beschleunigen Sie u. U. die Stimmabgabe, wenn Sie merken, dass die meisten Studierenden bereits geantwortet haben. Formulierungsvorschlag: „Ich sehe, die meisten von Ihnen haben bereits geantwortet. Wenn Sie noch nicht geantwortet haben, nennen Sie bitte in den nächsten 10 s Ihre beste Vermutung."
6. Optional, falls es die Technik erlaubt: Entscheiden Sie, ob Sie die Antwortverteilung zeigen wollen oder nicht.

7. Interpretieren Sie die Antwortverteilung für sich und das Auditorium. Formulierungsvorschläge:
   - „Ich sehe alles andere als Konsens."
   - „Zwei Antwortoptionen scheinen nicht besonders populär. Bei den anderen beiden gibt es in etwa Gleichstand."

Peer–Phase: Studierende diskutieren

8. Entscheiden Sie, ob Sie in die zweite Runde der *Peer–Instruction*–Sequenz gehen. Daumenregel: Wenn Antwortverteilung in etwa eine Gleichverteilung, dann 2. Runde, sonst nicht. Nehmen Sie diese Daumenregel nicht allzu eng.
9. Moderieren Sie 2. Runde an (Fortsetzung von Nr. 1). Formulierungsvorschläge:
   - „Diskutieren Sie das mit Ihrer Nachbarin oder Ihrem Nachbarn und überzeugen Sie diese Person, dass Ihre Antwort richtig ist."
   - „Suchen Sie eine Person, die anders geantwortet hat als Sie, und überzeugen Sie diese Person, dass deren Antwort falsch ist."

10. Nutzen Sie die Zeit der *Peer*–Diskussion,
    - um Studierenden zuzuhören (Für viele Lehrenden entstehen die besten neuen *Peer–Instruction*–Aufgaben in dieser Phase.)
    - um isolierte Studierende in die Diskussion zu bringen
    - oder gelegentlich für eine verdiente kurze Pause für sich selbst.

11. Sobald die Diskussion abflaut, bitten Sie die Studierenden erneut zu antworten.
12. Zeigen Sie die Antwortverteilung.

Expertenphase: Plenumsdiskussion und ggf. Mini–Vorlesung

13. (a) Falls deutliche Mehrheit richtig geantwortet hat: Holen Sie Stimmen ein, die die richtige Antwort begründen. Diskutieren Sie unbedingt auch falsche Antworten.
    Formulierungsvorschläge:
    - „Die meisten von Ihnen haben (A) geantwortet, was auch die richtige Antwort ist. Mag jemand von Ihnen begründen, warum (A) richtig ist?"
    - „Vorhin hatten viele von Ihnen noch (B) geantwortet. Was könnte man denken, so dass man (B) als Antwort wählt?"

    Geben Sie danach Ihre Expertenmeinung/-formulierung (*In each lecture there is a time for telling!* Jetzt haben Sie die Aufmerksamkeit dafür!) ggf. gefolgt von einer Mini–Vorlesung.

(b) Andernfalls: Jetzt ist auf jeden Fall eine Mini–Vorlesung nötig!
Formulierungsvorschläge zur Einleitung:

– „Schade, ich hatte gehofft, dass Sie in der Diskussion auf die richtige Antwort kommen. Lassen Sie uns erst mal sammeln, welche Argumente zu den
einzelnen Antwortmöglichkeiten führen. Welche Gedanken können dazu
führen, dass man (A) antwortet?"
– „Ich hatte gehofft, dass Sie in der Diskussion die richtige Antwort finden.
Das hat leider nicht geklappt. Lassen Sie mich Ihnen zeigen, wie ich an die
Sache herangehe."

2.3   Variationen des Ablaufs

Peer Instruction wurde bisher so dargestellt, dass es bei der gestellten Frage genau eine
korrekte Antwort gibt. Das Ziel war, dass die Studierenden gemeinsam zur richtigen Antwort
finden und sich dabei die Zusammenhänge gegenseitig erklären. Das muss nicht so sein. Es ist
durchaus möglich und sinnvoll, mehr als eine korrekte Antwortmöglichkeit zu formulieren.
Es ist ebenso möglich und sinnvoll Fragen zu formulieren, bei denen keine der Antworten
richtig sind.

Beide Varianten und deren Gestaltung werden in Kap. 6 thematisiert werden. Hier soll es
um den Ablauf von *Peer Instruction* bei solchen Fragen gehen. Der Ablauf wird im wesentlichen vom Lernziel der Aufgabenstellung bestimmt sein. Als Beispiel soll die folgende
Peer–Instruction–Frage dienen.

▶ Mit welcher Integrationsmethode kann die Stammfunktion von $\sin(2x) = 2\sin(x)\cos(x)$
bestimmt werden?

(A) Partielle Integration
(B) Integration durch Substitution
(C) Produktregel

Die Formulierung der Aufgaben suggeriert, dass die Bestimmung der Stammfunktion nur
durch eine der genannten Methoden möglich ist. Ein Lernziel dieser Aufgabe ist zu erkennen,
dass es tatsächlich mehr als einen möglichen Weg gibt, nämlich (A) und (B). Wenn also
in der *Peer*–Diskussion Studierende aufeinander treffen, von denen eine/r (A) und eine/r
(B) geantwortet hat, kann ihre Diskussion zur gemeinsamen Einsicht führen, dass beide

Wege möglich sind.[5] Bei dieser Aufgabenstellung sollte die *Peer*–Phase allenfalls dann übersprungen werden, wenn eine einzige Antwortoption von nahezu allen Studierenden gewählt wurde.

Ein Beispiel für eine Aufgabenstellung ohne korrekte Antwortmöglichkeit ist

▶ Mathematikaufgaben fordern Sie oft auf symbolische Ausdrücke zu vereinfachen. Welcher der Ausdrücke in
$$x^2 + x - 2 = (x - 1)(x + 2)$$
ist einfacher?

(A) Der Ausdruck auf der linken Seite
(B) Der Ausdruck auf der rechten Seite
(C) Beide Ausdrücke sind gleich einfach.

Hier besteht das Lernziel darin zu erkennen, dass Einfachheit maßgeblich davon abhängt, was mit dem Resultat als nächstes gemacht werden soll. Die linke Seite ist bspw. einfacher, wenn differenziert werden soll, die rechte, wenn Nullstellen bestimmt werden sollen.

Auch hier sollte die *Peer*–Phase allenfalls dann übersprungen werden, wenn eine einzige Antwortoption von nahezu allen Studierenden gewählt wurde. Das Ziel der Aufgabenstellung ist eine Kontroverse auszulösen, um anschließend in der Expertenphase den Sachverhalt thematisieren zu können.

2.4   Einbettung in die Lehrveranstaltung

Eine übliche Integration von *Peer Instruction* in Lehrveranstaltungen besteht aus einer Abfolge von Phasen mit klassischem Lehrvortrag und *Peer–Instruction*–Phasen. Die typische Zeitdauer einer *Peer–Instruction*–Durchführung ist fünf bis zehn Minuten, so dass in einer 90-minütigen Lehrveranstaltung durchaus zwei bis sechs *Peer–Instruction*–Phasen enthalten sein können.

Sagredo bereitet die Zeitkalkulation Sorgen: „So viele *Peer–Instruction*–Fragen in *jeder* Lehrveranstaltung! Da bleibt doch keine Zeit mehr den Stoff zu vermitteln! Ich habe *Peer*

---

[5]Alternativ hätte diese Aufgabe natürlich so formuliert werden können, dass es eine einzige korrekte Antwort gibt, also mit den Antwortoptionen

(A) Nur partielle Integration
(B) Nur Integration durch Substitution
(C) Sowohl partielle Integration als auch Integration durch Substitution

usw. Dadurch ändert sich allerdings der Charakter der Aufgabenstellung etwas, weil Option (C) einen Hinweis darauf gibt, mehr als einen Weg zu betrachten.

Instruction bisher so verstanden, dass man es gelegentlich einsetzt und nur dann, wenn es besonders lohnend erscheint."

Peer Instruction sollte auf keinen Fall nur gelegentlich eingesetzt werden. Auch Studierende brauchen Zeit mit *Peer Instruction* vertraut zu werden. *Peer Instruction* nur dann einzusetzen, wenn es besonders lohnend ist, setzt zudem voraus, zu wissen, wann das der Fall ist. In vielen Fällen ist für uns Lehrende noch gar nicht klar, wo die Schwierigkeiten der Studierenden liegen. *Peer Instruction* ist ein gutes Mittel, diese Schwierigkeiten erst einmal zu identifizieren. Gerade die *Peer*–Phase bietet dazu die Gelegenheit, wenn wir Lehrenden herumgehen und unseren Studierenden zuhören. Auch für Sagredo war es in Abschn. 2.1 überraschend, dass die wesentliche Schwierigkeit nicht im Verfahren der Trennung der Variablen, sondern im Verstehen des Konzepts „Differentialgleichung" lag.

Sagredo macht sich zudem Sorgen, dass *Peer Instruction* die Zeit für Stoffvermittlung wegnimmt. Für ihn scheint die „Vermittlung" von Stoff in den Lehrvortragsphasen, aber nicht den *Peer–Instruction*–Phasen zu passieren. Diese strikte Trennung ist sicher nicht haltbar. Zum einen sollte er nicht vergessen, dass *Peer Instruction* in der Expertenphase Lehrendenvortrag enthält. Dieser Lehrendenvortrag hat gegenüber dem sonstigen Lehrendenvortrag den wesentlichen Vorteil, dass Studierende auf den Vortrag vorbereitet sind (*Time for Telling*). Sie wollen wissen, was Sache ist, nachdem sie sich kurz zuvor kontrovers damit auseinander gesetzt haben.

Zum anderen *ist Peer Instruction* Vermittlung. Es ist an dieser Stelle hilfreich zwischen *Ver*mittlung und *Über*mittlung zu unterscheiden. Bei der Übermittlung von Lehrinhalten wird der Stoff durch Lehrende vorgestellt, vom Sender Dozent an die Empfänger Studierende gesendet. Das scheint für viele Lehrvorträge typisch zu sein. Bei der Vermittlung von Lehrinhalten gibt es dagegen einen Vermittler, der quasi zwischen Stoff und Studierenden steht und vermittelnd Sorge trägt, dass der Stoff tatsächlich „empfangen" wird. *Peer Instruction* ist Vermittlung – durch Lehrende (in der Expertenphase), vor allem aber durch Studierende (*Peer*–Phase).

Vermutlich meinte Sagredo, dass durch *Peer Instruction* weniger Zeit zur Verfügung steht den Stoff zu *über*mitteln. Das ist sicher nicht das Schlechteste, weil stattdessen Zeit geschaffen wird den Stoff zu *ver*mitteln. Vielleicht ist hier der Zeitpunkt, Sagredo an seine Unzufriedenheit bzgl. der Wirksamkeit seiner Lehrveranstaltungen zu erinnern. Diese Unzufriedenheit bezieht sich ja nicht auf die Menge des zu übermittelnden Stoffs, sondern auf die Menge des vermittelten/verstandenen Stoffs.

Sagredos Bedenken sind nur zum Teil ausgeräumt: „Es stimmt schon, dass ich den Stoff vor allem vermitteln will und nicht nur übermitteln will. Ich muss aber meinen Stoff durchkriegen. Das Modulhandbuch will es so und die Studierenden brauchen den Stoff als Grundlage für andere Lehrveranstaltungen."

Sagredo spricht ein zentrales Dilemma von (Hochschul–)Lehre an: Der Wettbewerb zwischen Stoffmenge und Stoffverständnis. Beides kann durchaus – mit geringen Abstrichen – unter einen Hut gebracht werden (s. Kap. 10). Sagredo spricht auch an, dass Lehrveranstaltungen nicht isoliert von einander existieren und Veränderungen in der eigenen

Lehrveranstaltung früher oder später den Blick auf ein größeres Ganzes weiten. Genau deshalb kann *Peer Instruction* Ausgangspunkt und Anlass für weitere Veränderungen sein, nicht nur innerhalb der Lehrveranstaltung (s. Kap. 10), sondern auch lehrveranstaltungsübergreifend und auf Hochschulebene (vgl. Kap. 1). Letzteres erfordert einen entsprechenden Dialog unter Lehrenden.

Literatur

Lasry, N., Mazur, E., & Watkins, J. (2008). Peer instruction: From Harvard to the two-year college. *American Journal of Physics*, *76*(11), 1066–1069.

Mazur, E. (1997). *Peer instruction*. Upper Saddle River: Prentice Hall.

Pilzer, S., Robinson, M., Lomen, D., Flath, D., Hallet, D. H., & Lahme, B., et al. (2003). *ConcepTests to accompany calculus*. Hoboken: Wiley.

Rowe, M. B. (1986). Wait time: slowing down may be a way of speeding up! *Journal of Teacher Education*, *37*(1), 43–50.

Schwartz, D. L., & Bransford, J. D. (1998). A time for telling. *Cognition and Instruction*, *16*(4), 475–523.

Wirksamkeit

3

> *The greatest enemy of understanding is coverage—I can't repeat that often enough. If you're determined to cover a lot of things, you are guaranteeing that most kids will not understand, because they haven't had time enough to go into things in depth, to figure out what the requisite understanding is, and be able to perform that understanding in different situations.*
>
> Howard Gardner

Peer Instruction verspricht eine Vielzahl von Wirkungen: Aktivierung der Studierenden, besseres Verständnis von Konzepten durch Studierende, auf Seiten der Lehrenden Verständnisgewinn dessen, was Fachinhalte schwer macht, und manches mehr. Treten solche Wirkungen tatsächlich ein oder sind es nur Versprechungen?

Bei einigen Aspekten wird dies vorrangig von Handeln und Haltung der Lehrenden abhängen, etwa ob Lehrende offen sind, auftretende Schwierigkeiten als solche zu akzeptieren und in der Lehre aufzugreifen. Für sie als Experten handelt es sich bei solchen Schwierigkeiten ja oft um Trivialitäten.

Bei anderen Aspekten, wie etwa dem besseren Verständnis seitens der Studierenden, sind die Faktoren komplexer. Wird durch *Peer Instruction* wirklich Verständnis generiert oder besteht der Effekt nur darin, dass leistungsschwächere Studierende die richtige Antwort von leistungsstärkeren Studierenden übernehmen? Sind die eher zeitaufwändigen *Peer*- und Expertenphasen notwendig, damit *Peer Instruction* wirksam ist, oder können diese gekürzt oder weggelassen werden? Und erklärt sich die Wirkung von *Peer Instruction* nicht vorrangig dadurch, dass mit merklichem Zeitaufwand bestimmte Dinge intensiver diskutiert und besprochen werden? Solche Fragen wurden in den letzten Jahren systematisch untersucht. Im Folgenden werden die wichtigsten Ergebnisse zusammengefasst.

© Springer-Verlag GmbH Deutschland, ein Teil von Springer Nature 2019
P. Riegler, *Peer Instruction in der Mathematik*,
https://doi.org/10.1007/978-3-662-60510-3_3

3.1   Lernen oder Nachplappern?

Der Lerneffekt durch *Peer Instruction* kann verschiedene mögliche Ursachen haben. Die Bezeichnung *Peer Instruction* suggeriert, dass Studierende sich den Lerngegenstand der Frage gegenseitig beibringen. Dies könnte dadurch geschehen, dass Studierende gemeinsam Verständnis konstruieren, oder auch nur dadurch, dass sich die Erkenntnis von bereits wissenden Studierenden zu noch nicht wissenden ausbreitet.

„Ich habe tatsächlich Sorge, dass der *Peer–Instruction*-Effekt darin besteht, dass schwache Studierende in der zweiten Abstimmung die Antwort nachplappern, die sie während der Diskussion von besseren Studierenden gehört haben", befürchtet Sagredo. „Dann würde nicht wirklich Lernen stattfinden. Und ich habe Sorge, dass Studierende sich die Dinge gegenseitig falsch erklären. Sie mögen ja richtig antworten, aber auf Grundlage falscher Erklärungen!" Diese Sorgen sind berechtigt.

Falsche Erklärungen, die zum richtigen Ergebnis führen, können nicht ausgeschlossen werden. Dies gilt übrigens unabhängig davon, ob *Peer Instruction* in der Lehre zum Einsatz kommt oder nicht. Studierende werden auch außerhalb der Lehrveranstaltung miteinander über den Stoff sprechen und versuchen ihn sich verständlich zu machen. Alle negativen Effekte, die möglicherweise bei *Peer Instruction* auftreten, können auch dort auftreten. Allerdings bildet die Expertenphase, aber auch das Zuhören während der *Peer*–Phase ein Sicherheitsnetz, solche falschen Erklärungen wahrzunehmen und noch in der Lehrveranstaltung zu korrigieren.

Sagredos Sorge, dass der *Peer–Instruction*-Effekt eher durch Nachplappern als durch Einsicht entsteht, bringt die Kernfrage zum Ausdruck, weshalb *Peer Instruction* wirksam ist. Sie stellt eine überprüfbare Hypothese dar und wurde von Smith et al. (2009) eingehend untersucht. Dazu wurde die *Peer–Instruction*-Sequenz modifiziert und erweitert: Fragen wurden wie üblich zweimal gestellt: eine erste in der Individualphase (im Folgenden mit $F1_{indiv}$ bezeichnet), gefolgt von derselben Frage in der *Peer*–Phase ($F1_{peer}$). Anschließend wurde ohne vorherige Expertenphase eine zweite, isomorphe Frage gestellt und individuell beantwortet ($F2_{indiv}$). Isomorphe Fragen erfordern das Anwenden derselben Konzepte, beziehen sich aber auf andere Situationen oder Anwendungsfälle. Beispielsweise stellt die Frage P29 in Abschn. 6.2 beim Themenbereich Differentialgleichung eine isomorphe Frage zu der in Abb. 2.1 gezeigten Frage dar.

Wenn nun *Peer Instruction* zur Generierung von Verständnis beiträgt, sollte nicht nur der Anteil der richtigen Antworten von $F1_{indiv}$ zu $F1_{peer}$ zunehmen, sondern die richtige Beantwortung von $F1_{peer}$ dazu führen, dass auch die isomorphe Frage $F2_{indiv}$ richtig beantwortet wird. Wenn dagegen der *Peer–Instruction*-Effekt maßgeblich darauf zurückzuführen ist, dass leistungsschwache Studierende die Antwort von leistungsstarken Kommilitonen übernehmen, ist zu erwarten, dass die isomorphe Frage $F2_{indiv}$ mit geringerer Häufigkeit als $F1_{peer}$ korrekt beantwortet wird. Denn wenn Studierende das Konzept bzw. Prinzip nicht verstanden haben, sollte es ihnen auch nicht gelingen, es bei der individuellen Beantwortung von $F2_{indiv}$ anzuwenden.

Um sicherzustellen, dass außer der *Peer*–Diskussion keine weiteren Einflüsse wirken können, wurden den Studierenden keine Abstimmungsergebnisse für $F1_{indiv}$ und $F1_{peer}$ gezeigt. Zudem erfolgte die Bearbeitung von $F2_{indiv}$ unmittelbar nach $F1_{peer}$, also ohne einer Diskussion der ersten Frage im Plenum. Studierende haben durch Lehrende also keinen Hinweis bekommen, wie die beiden *Peer–Instruction*-Fragen korrekt zu beantworten sind.

Smith et al. (2009) beobachteten, dass der Beantwortungserfolg für $F2_{indiv}$ im Vergleich zu $F1_{peer}$ zunahm (im Mittel absolut um 5 %). Dies legt nahe, dass durch die *Peer*–Phase tatsächlich Verständnis generiert wurde, und spricht gegen die Hypothese, dass der *Peer–Instruction*–Effekt maßgeblich auf Nachplappern beruht.

Bemerkenswert ist, dass der Beantwortungserfolg von $F1_{peer}$ nach $F2_{indiv}$ nicht nur nicht abgenommen hat, sondern sogar zunahm. Allerdings erscheint der Zuwachs von fünf Prozentpunkten nicht gerade weltbewegend. Bei den ca. 340 Studierenden in der Lehrveranstaltung von Smith et al. (2009) bedeutet dies, dass die isomorphe Frage $F2_{indiv}$ im Vergleich zu $F1_{peer}$ im Mittel von gerade mal 17 zusätzlichen Studierenden richtig beantwortet wurde. In diesen Mittelwert geht allerdings auch eine Mittelung über die gestellten *Peer–Instruction*–Fragen ein. Leichte Fragen ziehen den mittleren Zuwachs zwischen $F1_{peer}$ und $F2_{indiv}$ nach unten, denn bei leichten Fragen wurde $F1_{peer}$ von mehr als 90 % der Studierenden bereits richtig beantwortet. Der mögliche Zuwachs hin zu $F2_{indiv}$ ist hier nach oben stark beschränkt. Anders sieht es bei schwierigen Fragen aus. Hier beobachteten Smith et al. (2009) einen mittleren Zuwachs von 22 Prozentpunkten zwischen $F1_{peer}$ und $F2_{indiv}$. Ein knappes Viertel der Veranstaltungsteilnehmer konnte also bei schwierigen Fragen die zugrunde liegenden Konzepte in $F2_{indiv}$ erfolgreich anwenden, obwohl ihnen das in beiden Phasen von F1 noch nicht gelungen ist. Dieser Zuwachs lässt sich nicht durch die Hypothese „Nachplappern“ erklären. Es erscheint plausibler, dass tatsächlich Lernen im Sinne von Generierung von Verständnis stattgefunden hat.

Sagredo ist verwirrt: „Ich stimme zu, dass diese Beobachtungen die Hypothese „Nachplappern“ sehr unplausibel machen. Aber woher kommen dann diese immensen Zuwächse bei der isomorphen Frage? Das kann doch nicht auf *Peer Instruction* zurückzuführen sein, denn die wurde nur bei der ersten Frage durchgeführt und dort auch nur in einer reduzierten Version ohne Expertenphase. Das klingt eher nach Lernen aus dem Nichts – ohne *Peer*–Unterstützung!“ Auch für Smith et al. (2009) war dieser Befund unerwartet. Die Autoren vermuten, dass die Frage F1 viele Studierende auf den Weg gebracht hat die zur Beantwortung nötigen Konzepte zu verstehen, das aber noch nicht ausgereicht hat, $F1_{peer}$ richtig zu beantworten. Erst die erneute Gelegenheit durch $F2_{indiv}$ hat dann zum Durchbruch des entstehenden Verständnisses geführt. Vermutlich fördern aufeinander folgende Fragen zum gleichen Konzept den Lernerfolg, was auch von Reay et al. (2008) beobachtet wurde.

Smith et al. (2009) weisen außerdem darauf hin, dass die bei der isomorphen Frage $F2_{indiv}$ beobachteten Lernzuwächse nicht allein darauf zurückgeführt werden können, dass die Studierenden, die $F1_{indiv}$ korrekt beantwortet hatten, in ihren Diskussionsgruppen anderen Studierenden die Lehrinhalte erfolgreich vermittelt haben. Selbst im besten Fall, dass Studierende, die $F1_{indiv}$ korrekt beantwortet hatten, zufällig über die Diskussionsgruppen verteilt gewesen wären und erfolgreich allen Gruppenmitglieder das Verständnis vermittelt hätten, um dann $F2_{indiv}$ richtig beantworten zu können, müssten die Erfolgsraten bei $F2_{indiv}$ statistisch signifikant geringer sein als beobachtet. Es findet bei *Peer Instruction* also mehr als *Peer Instruction* im wörtlichen Sinne statt. *Peer Instruction* kann Verständnis generieren, selbst wenn in einer Diskussionsgruppe anfänglich niemand die korrekte Antwort weiß. Studierende können mittels *Peer Instruction* alleine durch den Prozess der Diskussion selbst zu Konzeptverständnis gelangen.

Für Sagredo bringt die Untersuchung von Smith et al. (2009) zwei wichtige Erkenntnisse:

> „Da ist zum einen der Mehrwert von schwierigen, also anspruchsvollen Fragen. Der beobachtete Lerneffekt war bei schwierigen Fragen deutlich größer. Das ergibt Sinn. Zum anderen bin ich jetzt mehr von der Notwendigkeit der *Peer*–Phase überzeugt, obwohl sie viel Zeit kostet. Alles in allem ist *Peer Instruction* aber trotzdem zeitaufwändig. Kann man nicht bei der Expertenphase sparen? Schließlich wurden sie in den Untersuchungen mit der isomorphen Frage weggelassen und trotzdem hat das zu imposanten Lernzuwächsen geführt."

Dies führt uns zur Frage nach der Wirksamkeit der Expertenphase.

3.2   Ist die Expertenphase wirksam?

Die Frage nach der Wirkung der Expertenphase lässt sich mit einem ähnlichen Forschungsdesign untersuchen wie die Frage, ob bei *Peer Instruction* tatsächlich Verständnis generiert wird oder ob dies nur ein Artefakt aufgrund von „Nachplappern" ist. Mittels isomorpher Fragen im Anschluss an einen kompletten *Peer–Instruction*-Zyklus im Vergleich zu einer um die Expertenphase verkürzte *Peer Instruction* kann ermittelt werden, ob diese Phase zur Wirksamkeit beiträgt. Entsprechend kann ebenfalls untersucht werden, inwiefern die *Peer*–Phase für die Wirksamkeit wichtig ist. Sagredos wiederholte Frage nach Kürzungs- und damit Zeiteinsparmöglichkeiten kann so beantwortet werden.

Smith et al. (2011) haben dazu drei Abläufe untersucht und deren Wirksamkeit miteinander verglichen, s. auch Abb. 3.1:

1. Ablauf „*Peer*–Phase": Studierende beantworten eine Frage zunächst individuell ($F1_{indiv}$), haben danach während der *Peer*–Phase die Möglichkeit zur Diskussion und beantworten die Frage dann erneut ($F1_{peer}$). Anschließend nennt die lehrende Person ohne weitere Erklärungen die korrekte Antwort.
2. Ablauf „Erläuterungsphase": Auch hier beantworten Studierende zunächst $F1_{indiv}$, bekommen jedoch keine Möglichkeit zur Diskussion. Stattdessen nennt und erläutert die lehrende Person die korrekte Antwort auf die Fragestellung.
3. Kombinierter Ablauf: Studierende durchlaufen *Peer*- und Erläuterungsphase. Dies ist der komplette, ungekürzte Ablauf einer *Peer Instruction* wie in Kap. 2 beschrieben.

Abb. 3.1 Abläufe zur
Untersuchung der Wirksamkeit
von *Peer*–Phase und
Expertenphase bei *Peer
Instruction*. Beim Ablauf
„*Peer*–Phase" (gepunktet) wird
die korrekte Antwort auf die
Frage F1 vom Dozenten nur
genannt, bei den anderen
beiden Abläufen,
„Erläuterungsphase"
(gestrichelt) und kombinierter
Ablauf (durchgezogen), wird
die korrekte Antwort zu F1
erläutert. Beim Ablauf
„Erläuterungsphase" wird die
Peer–Phase übersprungen. Bei
allen drei Abläufen wird
anschließend eine zu F1
isomorphe Frage F2 gestellt.
Abschließend werden beide
Fragen im Plenum diskutiert

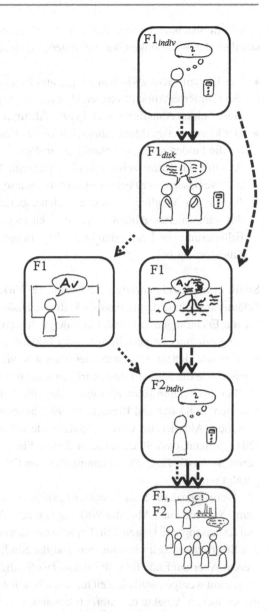

Bei allen drei Abläufen beantworten Studierende unmittelbar im Anschluss eine weitere, isomorphe Frage (F2$_{indiv}$).

In ihrem Forschungsdesign haben Smith et al. (2011) Sorge getragen, dass die gestellten Fragen den gleichen Schwierigkeitsgrad hatten, so dass Sättigungseffekte ausgeschlossen werden können. Das Ablaufschema jeder gestellten Frage wurde jeweils kurz zuvor zufällig festgelegt, um die Möglichkeit zu minimieren, dass Lehrende ihr Handeln vom Ablaufschema beeinflussen lassen.

Die Beobachtungen von Smith et al. (2011) lassen u. a. auf deutliche Unterschiede hinsichtlich der Wirksamkeit der drei untersuchten Abläufe schließen:

- Der Lernzuwachs zwischen $F1_{indiv}$ und $F1_{peer}$ war in den Szenarien „*Peer*–Phase" und „kombinierter Ablauf" vergleichbar (ca. 40 Prozentpunkte). Dies ist zu erwarten, da sich diese beiden Ablaufszenarien bis zur Abstimmung über $F1_{peer}$ nicht unterscheiden.
- Der kombinierte Ablauf führte zu höherem Lernzuwächsen zwischen $F1_{indiv}$ und $F2_{indiv}$ als die beiden anderen Abläufe „*Peer*–Phase" bzw. „Erläuterungsphase". Diese beiden Abläufe wiederum zeigten keine Unterschiede im Lernzuwachs $F1_{indiv}$ nach $F2_{indiv}$. Ein Weglassen von *Peer*- oder Expertenphase schmälert also die Wirksamkeit der *Peer Instruction*. Verglichen mit den beiden anderen Abläufen war der relative Lernzuwachs des kombinierten Ablaufs sogar doppelt so groß. Diskussionen in der *Peer*–Phase und Erläuterung von Lehrenden in der Expertenphase tragen also synergetisch zum Lernen Studierender bei.

Smith et al. (2011) erklären die besondere Wirksamkeit der Kombination aus *Peer*- und Erläuterungsphase damit, dass studentische Diskussionen dazu beitragen, dass Studierende für die Erklärungen Lehrender empfänglich werden. Die Möglichkeit einer Auseinandersetzung mit einer Fragestellung vor der Erklärung durch Lehrende stellt nahezu sicher, dass Studierende sich tatsächlich mit der Frage auseinander setzen. Es führt außerdem dazu, dass Studierende die Antwort dann wirklich wissen wollen.

Peer Instruction führt also dazu, dass die Erklärungen Lehrender zur passenden Zeit kommen. Schwartz und Bransford (1998) nennen dies *Creating a Time for Telling:* Durch geeignete Aktivierung werden Studierende auf den Lehrvortrag vorbereitet. Smith et al. (2011) zeigen, dass Studierende in diesem Sinne durch *Peer Instruction* am meisten profitieren, wenn die *Peer*–Phase unmittelbar von Erklärungen Lehrender in der Expertenphase gefolgt wird.

„Wenn man darüber nachdenkt, ist es plausibel, was diese Forschungsergebnisse zeigen", räumt Sagredo ein. „Aber die Wirkung von *Peer Instruction* hat natürlich ihren Preis. *Peer*- und Expertenphase kosten Zeit. Ich sehe ein, dass es sinnvoll ist, gerade kritischen Aspekten des Stoffs mehr Zeit einzuräumen und die Studierenden besonders dahingehend zu aktivieren. Aber am Ende führt das dazu, dass Studierende zwar manches besser können, aber insgesamt weniger, weil die Zeit nicht reicht, alles zu behandeln." Wenn *Peer Instruction* auf die kritischen Aspekte des Stoffs fokussiert, wie Sagredo vorschlägt, dann ist es sicher die bessere Alternative, dass Studierende diese wichtigen Dinge besser können als insgesamt mehr Dinge weniger gut.

3.3   Lernen Studierende besser, aber weniger?

Der Zeitaufwand für *Peer Instruction* ist nicht vernachlässigbar. Er ist jedoch gut investiert, wenn Studierende so die Zeit bekommen, die sie brauchen, um ein Konzept zu meistern. Dies bedeutet allerdings nicht zwangsläufig, dass Lehrstoff reduziert werden muss. Kap. 10 stellt gängige Methoden vor, die viele Lehrende, die *Peer Instruction* einsetzen, verwenden, um ohne große Stoffreduktion auszukommen. Im Kern wird ein Teil der Stoffübermittlung aus der Kontaktzeit in die Selbststudienzeit der Studierenden verlagert.

Die Wirksamkeit eines solchen Vorgehens wurde an der University of British Columbia in einem Lehrexperiment untersucht, das viel Aufsehen erregt hat (Deslauriers et al. 2011). In einer großen Physik–Veranstaltung mit über 500 Teilnehmern, die zweizügig von einem erfahrenen, Lehrpreis dekorierten Professor unterrichtet wurde, hat für eine Woche ein Postdoc eine der beiden Vorlesungsgruppen übernommen. Der Postdoc verfügte über keine nennenswerte Lehrerfahrung, erhielt aber vor dem Experiment ein hochschulfachdidaktisches Training und wurde insbesondere im Einsatz von *Peer Instruction* ausgebildet.

Die beiden Lehrenden vereinbarten vor dem Experiment den Stoff, der in der Lehrveranstaltung abgedeckt werden sollte, und entwarfen gemeinsam einen Test, mit dem im Anschluss an das Experiment der Lernerfolg der Studierenden erhoben wurde. Mittels etablierter Testinstrumente wurde verifiziert, dass sich beide Vorlesungszüge hinsichtlich Vorbildung und Leistungsvermögen nicht unterschieden.

Die Lehrveranstaltung des erfahrenen Lehrenden kann am besten als eine Kombination aus Lehrvortrag und Vorführen von Aufgabenlösungen beschrieben werden. Clicker kamen zwar auch zum Einsatz, aber nicht für *Peer Instruction,* sondern lediglich zum Einsammeln studentischer Antworten und um die Studierenden auf diese Weise zu bewerten. Die Lehrveranstaltung des Postdocs dagegen bestand aus dem mehrfachen Einsatz von *Peer Instruction* und weiterer Lernaktivitäten in kleinen Gruppen gefolgt von Mini–Vorträgen, in denen der Lehrende insbesondere auf die vorangegangenen Aktivitäten einging.

Nach dem einwöchigen Lehrexperiment zeigten die Studierende des „unerfahrenen" Postdocs deutlich bessere Lernzuwächse als die des erfahrenen Professors: Die Punkteverteilungen im gemeinsam entwickelten Test lagen mehr als zwei Standardabweichungen auseinander und der absolute Lernzuwachs der Studierenden des Postdocs war mehr als doppelt so groß wie der der Studierenden im anderen Vorlesungszug. Zudem ist die Anzahl der Studierenden, die zur Lehrveranstaltung erschienen, in der Gruppe des Postdocs gestiegen.

Sagredo findet die wissenschaftlichen Untersuchungen zu *Peer Instruction* alles in allem überzeugend. Er fragt sich allerdings, inwiefern diese für sein Fach, die Mathematik, zutreffen: „Mir fällt auf, dass die Untersuchungen zur Wirksamkeit von *Peer Instruction* in naturwissenschaftlichen Fächern gewonnen wurden. Diese stehen der Mathematik sowohl in der Arbeitsweise als auch in der Lehrtradition ja durchaus nahe. Aber ist es so, dass die Erkenntnisse auch für die Mathematik zutreffen bzw. sich auf diese übertragen lassen?"

Bisher liegen in der Tat keine vergleichbaren Untersuchungen zur Wirkungsweise der einzelnen *Peer–Instruction*–Phasen im Kontext der Mathematik vor. Die Dominanz der

Naturwissenschaften hinsichtlich der Erforschung von *Peer Instruction* liegt sicher auch daran, dass *Peer Instruction* in den Naturwissenschaften entstanden ist. Was die Wirksamkeit von *Peer Instruction* generell anbelangt, ist diese auch für die Mathematik belegt (Pilzer 2001; Cline und Zullo 2011). Freeman et al. (2014) weisen in der bislang größten Metastudie zur Wirksamkeit aktivierender Lehrmethoden in den MINT[1]–Fächern darauf hin, dass solche Methoden deutliche Lernzuwächse in allen Fächern bewirken. Das macht es plausibel, davon auszugehen, dass auch die Mechanismen von *Peer Instruction* fachunabhängig wirken. Zudem haben diese eine fachunabhängige, didaktische Grundlage (s. Kap. 5).

Aus den Forschungsergebnissen von Smith et al. (2009, 2011), Deslauriers et al. (2011) und anderen Arbeiten sowie aus den Erfahrungen vieler Lehrender weltweit lassen sich *Best Practices* für die Durchführung von *Peer Instruction* ableiten. Das folgende Kapitel stellt diese zusammen.

Literatur

Cline, K. S., & Zullo, H. (Hrsg.). (2011). *Teaching mathematics with classroom voting: With and without clickers* (Nr. 79). The Mathematical Association of America.

Deslauriers, L., Schelew, E., & Wieman, C. (2011). Improved learning in a large-enrollment physics class. *Science, 332*(6031), 862–864.

Freeman, S., Eddy, S. L., McDonough, M., Smith, M. K., Okoroafor, N., Jordt, H., et al. (2014). Active learning increases student performance in science, engineering, and mathematics. *Proceedings of the National Academy of Sciences, 111*(23), 8410–8415.

Pilzer, S. (2001). Peer instruction in physics and mathematics. *Problems, resources, and issues in mathematics undergraduate studies, 11*(2), 185–192.

Reay, N. W., Li, P., & Bao, L. (2008). Testing a new voting machine question methodology. *American Journal of Physics, 76*(2), 171–178.

Schwartz, D. L., & Bransford, J. D. (1998). A time for telling. *Cognition and Instruction, 16*(4), 475–523.

Smith, M. K., Wood, W. B., Adams, W. K., Wieman, C., Knight, J. K., Guild, N., et al. (2009). Why peer discussion improves student performance on in-class concept questions. *Science, 323*(5910), 122–124.

Smith, M. K., Wood, W. B., Krauter, K., & Knight, J. K. (2011). Combining peer discussion with instructor explanation increases student learning from in-class concept questions. *CBE-Life Sciences Education, 10*(1), 55–63.

---

[1] MINT steht für die Fächergruppe Mathematik, Informatik, Naturwissenschaften und Technik.

Gelingensfaktoren

4

> *Therefore, our most important piece of advice regarding*
> *question-driven instruction is to pay critical attention to what*
> *happens when you do it. Your students are your best teachers.*
>
> Ian Beatty

Peer Instruction ist eine relativ leicht umzusetzende Lehrinnovation. *Peer Instruction* besteht jedoch aus mehr als dem Stellen von Fragen in der Lehrveranstaltung und dem Einsammeln studentischer Antworten mittels Clicker oder anderer geeigneter Technologien. Ob *Peer Instruction* wirksam ist, hängt wesentlich davon ab, dass bestimmte Aspekte erfüllt sind oder eingehalten werden. Diese sind in diesem Kapitel zusammengestellt.

Andererseits ist es nicht so, dass diese Aspekte sklavisch eingehalten werden müssen. *Peer Instruction* ist in dieser Hinsicht recht robust. Beispielsweise muss der Ablaufplan in Abb. 2.5 nicht immer penibel befolgt werden. Die Wirksamkeit von *Peer Instruction* wird nicht signifikant darunter leiden, wenn Lehrende gelegentlich davon abweichen, insbesondere wenn die Abweichungen didaktisch begründet sind.

Ein wesentlicher Vorteil von *Peer Instruction* besteht in ihrer Kleinteiligkeit und ihrem häufigen Einsatz. Dies ermöglicht Lehrenden flexibel zu sein und *Peer Instruction* durch den Einsatz von *Peer Instruction* zu lernen. Der zu Beginn dieses Kapitels zitierte Ratschlag bringt dies auf den Punkt. Wenn Sie *Peer Instruction* in der Lehre einsetzen und es (einmal) nicht funktioniert, analysieren Sie woran es gelegen hat und stellen Sie bei der nächsten *Peer–Instruction*–Frage die vermutete Ursache ab. Dieses Kapitel dient dazu, diesen Lernprozess zu beschleunigen.

4.1   Durchführung

Peer Instruction nicht systematisch verkürzen
Peer Instruction systematisch durch Weglassen einer Phase zu verkürzen wirkt sich negativ
auf die Wirksamkeit aus. Die Gründe wurden bereits in Kap. 3 zusammen mit den relevanten
Forschungsarbeiten beschrieben.

Natürlich kann es hin und wieder angebracht sein den Ablauf der *Peer Instruction* zu
modifizieren. Wenn die Mehrheit der Studierenden die Frage in der Individualphase richtig
beantwortet hat, ist es in der Regel sinnvoll die *Peer*–Phase zu überspringen. Wenn nur
wenige Studierende in der Individualphase richtig geantwortet haben, kann es sinnvoll sein,
sofort in die Expertenphase zu gehen und die Antwort zu erläutern, wie im Ablaufplan
in Abb. 2.5 empfohlen. Dies ist gerade dann angebracht, wenn der Verdacht besteht, dass
die Frage zu schwierig ist. Wenn einige der falschen Antworten jedoch etwa gleich häufig
gewählt wurden, kann es sich lohnen die *Peer*–Phase trotzdem durchzuführen. Die Diskussionen können durchaus dazu führen, dass Studierende die richtige Antwort erkennen,
auch wenn niemand in einer Diskussionsgruppe diese in der Individualphase gewählt hatte
(Smith et al. 2009). Selbst wenn dies nicht eintreten sollte, haben Lehrende die wertvolle
Gelegenheit den Studierenden bei den Diskussionen zuzuhören und so zu erfahren, wie die
Studierenden denken und wo deren Schwierigkeiten liegen.

Peer Instruction regelmäßig machen
Machen Sie *Peer Instruction* zu einem regelmäßigen Bestandteil Ihrer Lehrveranstaltung.
Abgesehen davon, dass Lehrende bei wiederkehrender Durchführung diese Lehrintervention besser kennen lernen können, benötigen auch Studierende Zeit, um *Peer Instruction* zu
erlernen. Schließlich wird Studierenden bei *Peer Instruction* ein gutes Stück Verantwortung
für ihr Lernen übertragen. Ein nur gelegentlicher Einsatz kommuniziert Studierenden dagegen, dass *Peer Instruction* nicht wirklich wichtig ist, und läuft Gefahr, dass es als Bespaßung
missverstanden wird.

Peer Instruction prüfungsrelevant machen
Peer Instruction nutzt und kommuniziert die Wirksamkeit von Dialog und kollaborativem
Lernen. Dies kann zu einer Diskrepanz zur Prüfung führen, wenn die Prüfungsform, so
wie die klassische Klausur, streng auf Individualarbeit setzt. Eine Diskrepanz entsteht auch,
wenn die Prüfungsaufgaben gänzlich andere Dinge prüfen (z. B. algorithmisches Rechnen)
als das, was *Peer Instruction* vermittelt (z. B. Konzeptverständnis). Die Prüfungsinhalte
steuern das Lernen Studierender stärker als das Geschehen in der Lehrveranstaltung. Nur
was geprüft wird, muss auch tatsächlich erlernt werden!

Es kann daher sinnvoll und lohnend sein, die Prüfung an Inhalte oder Ziele von *Peer
Instruction* anzupassen. Abschn. 7.3 schildert exemplarisch, wie dies erreicht werden kann.

4.2   Qualität der Fragen

Wissensfragen vermeiden

Peer Instruction lebt von der Interaktion Studierender, der Kontroverse und der gemeinsamen Auseinandersetzung mit dem Frageninhalt. Die Art der gestellten Fragen muss diese Prozesse einfordern und unterstützen. Wissensfragen erfüllen diese Anforderung selten. Über Fakten kann man nicht diskutieren und zur Klärung der Faktenlage bedient man sich besser einer glaubhafteren Quelle als potentiell unwissender Kommilitonen.

Wissensfragen machen nicht nur die *Peer*–Phase unnötig, sondern letztendlich auch die Individualphase. Bei Wissensfragen hat es für Studierende keinen Mehrwert die Frage individuell zu beantworten, denn sie werden sich meist sehr sicher sein, ob ihre Antwort richtig ist oder nicht. Daher ist es plausibel, dass etliche Studierende sich bei solchen Fragen gar nicht die Mühe machen zu antworten, wie dies auch bei der im Vorwort geschilderten Anekdote der Fall war.

Konzept- und Diagnosefragen stellen

Besonders für *Peer Instruction* geeignet sind Konzeptfragen, also Fragestellungen, in denen ein Konzept auf eine Situation angewandt werden muss. Konzeptfragen sind eher qualitativer Natur, d. h. das Anwenden des Konzeptes erfordert es nicht, numerische oder algorithmische Prozesse durchzuführen. Als Prüfungsfragen eingesetzt überprüfen Konzeptfragen das Verständnis des thematisierten Konzepts. Bei *Peer Instruction* dienen sie dem Begreifen und dem Verinnerlichen des thematisierten Konzepts.

Ebenfalls für *Peer Instruction* besonders geeignet sind Diagnosefragen, also Fragestellungen, durch die häufige oder problematische Schwierigkeiten sichtbar gemacht werden. Erst wenn diese sichtbar sind, können sie wirksam problematisiert werden. Dann gibt es eine *Time for Telling*. *Peer Instruction* baut zusätzlich darauf, dass Studierende, die ein Konzept gerade erst verstanden haben, ihre Kommilitonen besser bei der Überwindung falscher Vorstellungen unterstützen können als Experten, die diese Schwierigkeiten längst überwunden haben.

Die *Peer–Instruction*–Frage zu Differentialgleichungen in Abb. 2.1 erfüllt diese Spezifikationen: Sie überprüft, ob das Konzept Differentialgleichung (etwa in Abgrenzung zum herkömmlichen Integrationsproblem) verstanden ist, und diagnostiziert häufige Fehlkonzepte. Sie schafft so eine Kontroverse als Voraussetzung für eine anschließende Diskussion. Sie ist qualitativ, da sie nicht das Anwenden numerischer oder symbolischer Kalküle erfordert. In der studentischen Diskussion wird so das Konzept und nicht die Durchführung von Berechnungen im Vordergrund stehen.

Der Unterschied zwischen Wissens- und Konzeptfragen wird durch die Alltagssprache oft verschleiert. „Zu wissen, was eine Quadratwurzel ist" bedeutet, dass man das Konzept Quadratwurzel verstanden und verinnerlicht hat. Dies steht z. B. im Gegensatz dazu „zu wissen, was das lateinische Wort für Quadratwurzel ist". Im ersten Fall handelt es sich um „fruchtbares Wissen", im zweiten Fall eher um „inertes Wissen". Hinsichtlich der

Peer–Instruction–Frage P21 in Abschn. 6.2 könnte man alltagssprachlich formulieren, dass sie überprüft, ob Studierende wissen, was eine Quadratwurzel ist. Tatsächlich überprüft sie, welche Vorstellung, d. h. welches Konzept Studierende von der Quadratwurzel haben.

Eine *Peer–Instruction*–Frage kann sowohl Konzept- als auch Diagnosefrage sein. Dies sind keine sich gegenseitig ausschließenden Kategorien. Kap. 6 thematisiert im Detail die Kriterien für geeignete *Peer–Instruction*–Fragen und Entwurfsmuster für solche Fragen.

Anspruchsvolle Fragen stellen

Aktivierende Lehrmethoden sind im Vergleich für die Vermittlung kognitiv anspruchsvollerer Fähigkeiten wirksamer als bei weniger anspruchsvollen Fähigkeiten (Freeman et al. 2014). Konsistent damit zeigen Untersuchungen regelmäßig, dass die Wirksamkeit von *Peer Instruction* für anspruchsvollere Aufgaben höher ist als für weniger anspruchsvolle (Smith et al. 2009; Cline und Zullo 2011). Die *Peer*–Diskussionen können zum Verständnis schwieriger Konzepte beitragen, selbst wenn niemand in einer Diskussionsgruppe die gestellte Frage in der Individualphase korrekt beantwortet hatte.

Ein Vorteil ist, dass Lehrende *a priori* gar nicht genau wissen müssen, was der angemessene Schwierigkeitsgrad ist, weil *Peer Instruction* erlaubt, das geregelt herauszufinden. Hier zeigen sich wieder die Vorteile der Kleinteiligkeit und des möglichen häufigen Einsatzes. *Peer Instruction* ermöglicht Ihnen, Informationen zum aktuellen Leistungsniveau der Studierenden zu bekommen und kurzfristig nachzuregeln, sollte Ihre Einschätzung in die eine oder andere Richtung falsch sein.

4.3   Lehrendenhandeln

Das Gelingen von *Peer Instruction* hängt zu einem großen Teil vom Handeln der Lehrenden während der Durchführung ab, wie auch der zu Beginn dieses Kapitels zitierte Ratschlag betont.

Studierenden genügend Zeit geben

Lehrveranstaltungszeit ist häufig eine knappe Ressource. Dies fördert die Tendenz den Zeitaufwand für *Peer Instruction* zu reduzieren. Die Forschungsergebnisse von Smith et al. (2009) und Smith, Wood, Krauter und Knight (2011) haben jedoch eindrucksvoll gezeigt, dass Weglassen einer Phase zu Lasten der Wirksamkeit geht.

Ebenso ist es nicht zu empfehlen, die Dauer von Individual- oder *Peer*–Phase bewusst kurz zu halten. Sie nehmen Ihren Studierenden damit möglicherweise die Zeit, die diese brauchen, um die Fragestellung zu lesen, sich ihre Antwort zu überlegen oder die Argumente eines Kommilitonen zu verstehen.

Umgekehrt ist es gerade ein Vorteil von *Peer Instruction,* dass sie dabei unterstützt, diese Zeiten passend zu bemessen. Wenn Clicker für *Peer Instruction* eingesetzt werden, können Sie beispielsweise die Zeitdauer der Individualphase über die Anzahl der eingegangenen

Antworten regeln. Sind bis Ablauf der veranschlagten Antwortzeit wenige Antworten eingegangen, ist dies ein Hinweis darauf, dass Studierende mehr Zeit benötigen, und die Antwortzeit sollte verlängert werden. Gehen die Antworten dagegen schneller ein als erwartet, können Sie die veranschlagte Antwortzeit verkürzen.

Diese adaptive Bemessung der Antwortzeit erfordert natürlich nicht, dass Sie warten müssen, bis alle Studierende geantwortet haben. Wenn Sie sehen, dass eine deutliche Mehrheit Ihrer Studierenden geantwortet hat, können Sie die verbleibenden Studierenden dazu auffordern, rasch zu antworten, z. B. mit einer Formulierung wie

„Ich sehe, dass die meisten von Ihnen geantwortet haben. Wenn Sie dies noch nicht getan haben, antworten Sie bitte in den nächsten 10 Sekunden. Wenn Sie sich nicht sicher sind, geben Sie notfalls Ihre beste Vermutung ab."

Eine bewusste Regelung der Antwortzeit gibt Studierenden die Zeit, die sie brauchen, um eine Frage zu beantworten. Antwortzeiten können durchaus im Bereich einer Minute liegen. Dies ist deutlich länger als die Zeit, die Lehrende sonst auf die Antwort warten – bevor sie die gestellte Frage schließlich selbst beantworten. Diese Wartezeit liegt üblicherweise im Bereich einer Sekunde (Rowe 1986), s. auch Abschn. 2.2. Als Lehrende kennen wir natürlich die Antwort auf unsere Fragen. Als Experten können wir sie sogar sehr schnell generieren. Beide Eigenschaften treffen auf unsere Studierende (noch) nicht zu.

Fehlertolerante Atmosphäre schaffen
Wenn Studierende in der Lehrveranstaltung Fragen von Lehrenden nicht beantworten, kann das mehrere Ursachen haben. Es kann daran liegen, dass Studierenden nicht die Zeit gegeben wird, die sie zur Beantwortung brauchen (s. vorangehender Gelingensfaktor). Es kann auch daran liegen, dass Studierende befürchten sich mit ihrer Antwort zu blamieren, wenn die Antwort falsch ist.

Peer Instruction lebt davon, dass Studierende Fehler machen. Lernen wird durch die Möglichkeit, Fehler zu machen und daraus zu lernen, begünstigt. Allerdings ist es eher so, dass Studierende vermeiden für andere sichtbar Fehler zu machen (Svinicki 1999). Ihre Sorge gilt dabei eher einer Blamage vor den Kommilitonen als vor den Lehrenden. Eine anonymisierte Abstimmung in der Individualphase trägt dieser Sorge Rechnung. Wenn Studierende am heterogenen Abstimmungsergebnis sehen, dass offensichtlich nicht alle anderen den Stoff bereits beherrschen, wendet sich das Blatt. Die Gefahr sich zu blamieren ist reduziert und die Motivation aus eigenen Fehlern zu lernen steigt (s. auch Abschn. 5.4).

Als Lehrende können wir wirksam durch unser Handeln und durch geeignete Wortwahl zur Schaffung einer fehlertoleranten Atmosphäre im Hörsaal beitragen. Wir sollten Fehler von Studierenden nicht verurteilen oder uns gar darüber lustig machen:

„Die Mehrheit hat falsch geantwortet, was zeigt, dass Sie keine Ahnung haben"

im Kontrast zu

„Sie haben die Antwortmöglichkeiten etwa gleich häufig gewählt. Daher kann nur ein Teil von Ihnen richtig liegen. Wir haben also etwas zu tun."

Formulierungen, die Studierenden erlauben ihr Gesicht zu wahren, sind essentiell bei der Durchführung von *Peer Instruction*. Formulierungen wie „Wie könnte jemand gedacht haben, der (B) geantwortet hat?", um während der Plenumsphase falsche Denkmuster zu entlarven und thematisieren, bewirken nicht selten, dass diese Denkmuster von Studierenden vor dem Plenum benannt werden. Sie bewirken sogar, dass sich Studierende dazu bekennen bis vor kurzem entsprechend gedacht zu haben oder dies weiterhin zu tun.

Das Schaffen einer fehlertoleranten Lehrveranstaltungsatmosphäre benötigt Zeit. Dies ist ein weiterer Grund, weshalb *Peer Instruction* regelmäßig durchgeführt werden sollte.

Bei Diskussionen zuhören
Die *Peer*–Phase ist eine hervorragende Gelegenheit für Lehrende zu erfahren und zu verstehen, wo Studierende Schwierigkeiten haben. Nutzen Sie daher die Gelegenheit Ihren Studierenden in dieser Phase zuzuhören! Sie können so direkt erfahren, wie Ihre Studierenden denken, wo Fehlvorstellungen liegen und warum bestimmte Konzepte schwierig sind. Manchmal hat es sogar den Anschein, dass man während der *Peer*–Phase direkt in die Gehirne von Studierenden schauen kann.

Gerade wenn Studierende noch nicht mit *Peer Instruction* vertraut sind, werden sie verstummen, sobald eine lehrende Person zu ihrer Gruppe kommt, um zuzuhören. Meistens reicht es aus zu sagen: „Ich bin nur zum Zuhören hier", um die Diskussion wieder in Gang zu bekommen. Unabhängig davon ist es hilfreich, wenn Lehrende auf Augenhöhe im wörtlichen Sinne gehen, wenn sie ihren Studierenden zuhören wollen. Wenn Sie zum Zuhören vor einer Gruppe sitzender, diskutierender Studierenden stehen, kommuniziert das eher Überlegenheit und Überwachung als das Interesse einfach zuzuhören.

Beschränken Sie Ihr Handeln während der *Peer*–Phase wirklich auf Zuhören! Halten Sie keine Mini–Vorlesung für die Diskussionsgruppe! Das wäre nicht nur unfair den anderen Gruppen gegenüber, Sie würden Studierende vor allem davon abhalten das zu tun, was diese Phase wertvoll macht: die eigenen Gedanken formulieren und kritisch hinterfragen. Greifen Sie allenfalls dann in eine Diskussion ein, wenn Sie befürchten, das diese am eigentlichen Ziel vorbeizulaufen droht. Natürlich können Sie Studierenden einen Anstoß geben, die Diskussion weiterzuführen oder sie zu beginnen, wenn diesen das nicht von alleine gelingt. Einfache Fragen wie

„Was haben Sie denn geantwortet?"

oder

„Welche Gedanken haben Sie dazu gebracht, diese Antwort zu wählen?"

reichen dazu oft schon aus.

Mit verwendeter Technologie hinreichend vertraut sein und Notfallplan haben

Wenn Sie für *Peer Instruction* Technologie einsetzen wie z. B. Clicker, sollten sie natürlich firm im Umgang mit den benötigten Funktionen sein. Dies ist besonders wichtig, wenn Sie *Peer Instruction* einführen, denn Ihre Studierenden müssen den Prozess erst lernen. Ihre Unsicherheit in der Durchführung würde dann die Unsicherheiten vermehren, mit denen die Studierenden zurecht kommen müssen.

Machen Sie sich daher vor dem ersten Einsatz hinreichend mit der Technologie vertraut und spielen sie die einzelnen Schritte konkret durch. Wenn die Technologie an ihrer Hochschule bereits eingesetzt wird, wird es sicher jemanden geben, der damit vertraut ist und Ihnen gerne helfen wird. Vielleicht können Sie diese Person auch bitten, beim ersten Einsatztermin als technischer Support dabei zu sein. Auf diese Weise hätten Sie auch einen Beobachter, den Sie anschließend um Feedback bitten können.

Dies bedeutet nicht, dass Lehrende im Umgang mit der verwendeten Technologie perfekt sein müssen. Es wird immer hilfsbereite Studierende im Hörsaal geben, die gerade auf dem Schlauch stehende Lehrende darauf hinweisen, worin das Problem besteht, umso mehr, wenn Studierende in *Peer Instruction* einen Mehrwert für die Lehrveranstaltung sehen.

Technologie bringt die Gefahr mit sich, dass sie gelegentlich nicht funktioniert. Seien Sie darauf vorbereitet! Begrenzen Sie im Ernstfall die Fehlersuche auf einen Zeitraum von einer Minute und weichen Sie dann ggf. auf technologiefreie Alternativen aus. Sie können dazu beispielsweise Ihre Studierenden bitten, mit ihren Fingern den Antwortbuchstaben vor der eigenen Brust zu bilden (um die Anonymität der Abstimmung gegenüber den Mitstudierenden möglichst zu wahren) und die Antwortverteilung dann grob abschätzen. Weitere Alternativen und Details zur technologiefreien Durchführung sind in Kap. 8 beschrieben.

Literatur

Cline, K. S., & Zullo, H. (Hrsg). (2011). *Teaching mathematics with classroom voting: With and without clickers* (Nr. 79). The Mathematical Association of America.

Freeman, S., Eddy, S. L., McDonough, M., Smith, M. K., Okoroafor, N., Jordt, H., Wenderoth, M. P. (2014). Active learning increases student performance in science, engineering, and mathematics. *Proceedings of the National Academy of Sciences, 111*(23), 8410–8415.

Rowe, M. B. (1986). Wait time: Slowing down may be a way of speeding up! *Journal of Teacher Education, 37*(1), 43–50.

Smith, M. K., Wood, W. B., Adams, W. K., Wieman, C., Knight, J. K., Guild, N., & Su, T. T. (2009). Why peer discussion improves student performance on in-class concept questions. *Science, 323* (5910), 122–124.

Smith, M. K., Wood, W. B., Krauter, K., & Knight, J. K. (2011). Combining peer discussion with instructor explanation increases student learning from in-class concept questions. *CBE-Life Sciences Education, 10*(1), 5–63.

Svinicki, M. D. (1999). New directions in learning and motivation. *New Directions for Teaching and Learning, 1999*(80), 5–27.

Didaktische Hintergründe 5

> *Telling students what to think is notoriously ineffective; eliciting*
> *their thinking, confronting it with alternatives, and seeking*
> *resolution works better.*
>
> Ian Beatty

Peer Instruction verwendet bewährte didaktische Grundmuster und -prinzipien. Diese zu
kennen hat für Anwender mindestens zwei Vorteile: Erstens helfen sie *Peer Instruction*
besser zu verstehen und wirksam umzusetzen. Zweitens helfen sie zu erkennen, wo die
Ideen hinter *Peer Instruction* in der Lehre verwendet werden können, selbst wenn Inhalt
oder Format einer Aufgabe oder Aktivität eher gegen einen Einsatz von *Peer Instruction*
sprechen.

5.1 Think–Pair–Share

Think–Pair–Share gehört zu den klassischen hochschuldidaktischen Methoden (Lyman
1981; Waldherr und Walter 2015) und besteht wie *Peer Instruction* aus drei aufeinander
folgenden Phasen. Die Methode beginnt mit der *Think*–Phase, in der Studierende zunächst
individuell eine Aufgabenstellung bearbeiten. In der *Pair*–Phase vergleichen Studierende in
Kleingruppen (typischerweise in Paaren) ihre bisherigen Ergebnisse und stimmen diese ab.
In der *Share*–Phase wächst die Anzahl der an einer Gruppe beteiligten weiter, z. B. indem
sich jeweils zwei Gruppen zusammentun und eine abschließende Lösung erarbeiten.

Die drei Phasen von *Think–Pair–Share* und *Peer Instruction* lassen sich jeweils aufeinander abbilden: *Think*–Phase und Individualphase sind durch individuelles Bearbeiten der
Aufgabenstellung gekennzeichnet, *Pair*- und *Peer*–Phase durch Abgleichen der Ergebnisse
aus der vorangegangenen Phase. In der dritten Phase, *Share*- bzw. Expertenphase, wird

© Springer-Verlag GmbH Deutschland, ein Teil von Springer Nature 2019   49
P. Riegler, *Peer Instruction in der Mathematik*,
https://doi.org/10.1007/978-3-662-60510-3_5

der Kreis derer, die an der gemeinschaftlichen Aufgabenbearbeitung beteiligt sind, weiter vergrößert und die Aufgabenbearbeitung findet ihren Abschluss.

Think–Pair–Share und *Peer Instruction* haben also ein didaktisches Grundmuster gemeinsam: Der Grad der Zusammenarbeit mit anderen wächst im Laufe der Aufgabenbearbeitung.

Sagredo fragt, wozu das gut sein soll: „Ich sehe durchaus die Vorteile von Gruppen- oder Partnerarbeit. Aber warum den Zeitaufwand für die Individualarbeit betreiben? Ich habe den Eindruck, dass bei *Think–Pair–Share* die Aufgabe dreimal bearbeitet wird, in jeder Phase auf's Neue. Sollte man methodisch nicht sauber trennen, also entweder Individualarbeit oder Gruppenarbeit?"

Schauen wir zuerst auf die Gruppenarbeit. Hier ist zu überlegen, welchen Zweck die Gruppe hat und welchen Mehrwert die Gruppenarbeit bieten kann. Reine Gruppenarbeit kann in der Tat sinnvoll sein, z. B. wenn es darum geht arbeitsteilig eine Aufgabe zu lösen, für die die Ressourcen der einzelnen Gruppenmitglieder (z. B. Zeit oder Fähigkeiten) alleine nicht ausreichen. Geht es aber darum, dass Gruppenpartner Gedanken, Herangehensweisen oder Lösungen kritisch überprüfen oder sich beim Lernprozess unterstützen sollen, dann ist eine vorausgehende Denk- bzw. Individualphase angebracht. Denn wer sich kritisch mit einem Sachverhalt auseinander setzen soll, muss diesen zuerst selbst durchdacht haben. Andernfalls verkommt Teamarbeit zu dem, was manche Studierende scherzhaft mit „T-e-a-m — Toll, ein anderer macht's" beschreiben: Einer macht die Hauptarbeit und die anderen schauen zu.

Sagredos Bedenken, dass bei *Think–Pair–Share* ein und dieselbe Aufgabenstellung dreimal hintereinander bearbeitet wird, sind sicherlich angebracht. Studierende könnten dies als sinnlose Beschäftigung verstehen. Gute *Think–Pair–Share*–Aufgabenstellungen begegnen dieser Gefahr dadurch, dass die Aufgabenstellung von Phase zu Phase erweitert wird. Im Kontext von Fourier–Reihen könnte eine solche phasenweise Erweiterung der Aufgabenstellung so aussehen:

- *Think:* Berechnen Sie für die π-periodische Funktion $f(x) = A \sin^2 x + C$ den a_0–Koeffizienten der Fourier–Reihe.
- *Pair:* Vergleichen Sie Ihr Ergebnis mit dem Ihrer Nachbarin/Ihres Nachbars. Versuchen Sie, sich auf eine gemeinsame Lösung zu einigen. Überlegen Sie sich gemeinsam Eigenschaften, die a_0 haben muss und anhand derer Sie überprüfen können, ob ein Resultat für a_0 korrekt ist.
- *Share:* Tun Sie sich mit Ihrer Nachbargruppe zusammen und erstellen Sie einen gemeinsamen Katalog von Eigenschaften, die a_0 haben muss. Überprüfen Sie anhand dieser Kriterien alle Ihre Ergebnisse für a_0 auf Richtigkeit und erarbeiten Sie gemeinsam ein Resultat für a_0.

Im Vordergrund der Aufgabenstellung als Ganzes steht die Fourier–Analyse und speziell die Bestimmung des a_0–Koeffizienten, also des Mittelwerts der Funktion. In der *Think*-Phase geht es alleine um Rechnen. In der *Pair*-Phase wird die Aufgabenstellung um die allgemeine

Betrachtung der Eigenschaften von a_0 erweitert. Darauf aufbauend erweitert die *Share*–Phase die Aufgabenstellung nochmals, indem das Ergebnis auf Richtigkeit geprüft werden soll. Insgesamt wird so aus einer Rechenaufgabe eine Aufgabenstellung mit metakognitiven Elementen.

Das phasenweise Erweitern der Aufgabenstellung ist ein weiteres didaktisches Grundmuster, das *Think–Pair–Share* und *Peer Instruction* gemeinsam ist. Bei *Peer Instruction* wird die Bearbeitung der eigentlichen Aufgabenstellung in der *Peer*–Phase um die kritische Auseinandersetzung mit Kommilitonen erweitert. In der Expertenphase kann es schließlich zusätzlich um das Identifizieren und Klären charakteristischer Fehler gehen.

5.2 Elicit–Confront–Resolve

Peer Instruction gibt Studierenden Gelegenheit, falsche Vorstellungen und typische Fehler zu korrigieren. Damit dies möglich wird, müssen problematische Vorstellungen zunächst hervorgelockt und sichtbar gemacht werden. Dies geschieht bei *Peer Instruction* in der Individualphase und ist der Einstieg in ein didaktisches Grundmuster, das als *Elicit–Confront–Resolve* (McDermott 1991) bekannt ist.

Dieses didaktische Grundmuster macht im ersten Schritt problematische Vorstellungen oder die Tendenz, bestimmte Fehler zu machen, sichtbar. Diese werden gleichsam aus den Studierenden herausgelockt *(elicit)*. Bei *Peer Instruction* geschieht dies, indem Studierende in der Individualphase die Gelegenheit erhalten Fehler zu machen. Teilweise geschieht dies auch in der *Peer*–Phase, weil Kommunikation mit anderen helfen kann, sich seiner eigenen Denkweisen und Vorstellungen bewusst zu werden.

Im zweiten Schritt werden Denkweisen bzw. Vorstellungen mit denen anderer Personen konfrontiert *(confront)*. Das Ziel besteht darin, dass im dritten Schritt aus dieser Konfrontation eine Lösung erwächst *(resolve)*. Bei *Peer Instruction* dient vorrangig die *Peer*–Phase diesem *Confront,* indem idealerweise unterschiedliche Denkweisen oder Vorstellungen aufeinander treffen. Daher ist es sinnvoll die *Peer–Instruction*–Frage mit dem Auftrag einzuleiten, dass Studierende sich mit jemanden austauschen, der in der Individualphase anders als sie geantwortet hat.

Das *Resolve* kann ebenfalls in der *Peer–Instruction*–Phase geschehen. Die Kernidee von *Peer Instruction* besteht ja gerade darin, dass Studierende in der Diskussion wichtige Begriffe oder Denkweisen (er)klären. Die Praxis in Lehrveranstaltungen, die *Peer Instruction* umsetzen, bestätigt regelmäßig, dass dies gelingen kann. Für den Fall, dass den Studierenden dieses *Resolve* selbst nicht gelingt, gibt es quasi als Sicherheitsnetz die Expertenphase. Dann liegen immerhin problematische Denkweisen oder Vorstellungen auf dem Tisch und die Studierenden wollen wirklich wissen, was Sache ist. Die Bedingungen für Lernen sind also besonders günstig. Lehrmethoden, die *Elicit–Confront–Resolve* verwenden, erzeugen bewusst kognitive Konflikte, um Studierende in eine hinreichend tiefe intellektuelle Auseinandersetzung mit den Lehrinhalten zu verwickeln.

Für Sagredo erscheint dies in der Theorie plausibel. „Aber in der Praxis ist es doch so, dass sich problematische oder teilweise problematische Vorstellungen hartnäckig halten. Das ist ja selbst in der Wissenschaft so. Ich denke z. B. an den Stetigkeitsbegriff vor Weierstraß. In solchen Fällen kann das „Schüren" eines kognitiven Konflikts oder eine Debatte sicher hilfreich sein. Aber reicht das aus, um problematische Vorstellungen wirklich beseitigen zu können?" In der Tat ist einmal selten genug, um tiefgreifende Veränderungen zu bewirken. Um hartnäckige Schwierigkeiten zu meistern oder problematische Vorstellungen aufzugeben, müssen Studierende zusätzliche Gelegenheiten erhalten Konzepte anzuwenden und einzuüben, zu reflektieren und Beziehungen zwischen Konzepten herzustellen.

Sagredo möchte außerdem wissen, wie *Elicit–Confront–Resolve* in der Lehre noch eingesetzt werden kann. „Wenn dies ein didaktisches Grundmuster ist, wird es vermutlich auch anderen Lehrmethoden zugrunde liegen." Eine, besonders in den Ingenieur- und Naturwissenschaften genutzte Lehrform, sogenannte Tutorials – eine Art geführte Gruppenarbeit, verwendet *Elicit–Confront–Resolve* als Designprinzip (Kautz 2009; Kautz et al. 2018; McDermott und Shaffer 1998). Auch die Methode *Just in Time Teaching,* die wir in der Kombination mit *Peer Instruction* in Kap. 10 betrachten werden, nutzt dieses Grundmuster.

5.3   Fehlkonzepte

Wenn Laien Fragen zu wissenschaftlichen Konzepten beantworten, treten oft charakteristische und anhaltende Fehlermuster auf. Diese werden in der Literatur meist als Fehlkonzepte bezeichnet.

Der Begriff Fehlkonzept wird hier phänomenologisch verwendet, um zu beschreiben, dass die falschen Antworten Studierender auf Konzeptfragen nicht zufällig, sondern systematisch sind. Denn von den meist unendlich vielen Möglichkeiten, eine Frage falsch zu beantworten, treten häufig nur eine oder einige wenige auf. Die Verwendung des Begriffs Fehlkonzept soll hier nicht ausdrücken, dass seitens der Studierenden notwendigerweise ein systematisch falsches Verständnis eines Konzepts vorliegt. Die Ursachen des Phänomens Fehlkonzept werden weiterhin kontrovers diskutiert und reichen von systematisch falschem Verständnis bis hin zu psychologischen Erklärungen im Rahmen der *Dual–Process*–Theorie (Heckler 2011). Diese postuliert, dass Denken auf zwei unterschiedlichen Wegen stattfinden kann: als impliziter, automatischer Prozess und als expliziter, kontrollierter Prozess. Einige Fehlkonzepte können auch als Übergeneralisierungen erklärt werden: Aspekte, die in typischen oder von Studierenden als typisch empfundenen Spezialfällen korrekt sind, werden als allgemeingültig angesehen.

Was auch immer die genauen Ursachen von Fehlkonzepten sind, der Begriff soll darauf hinweisen, dass studentische Antworten auf Konzeptfragen und vermutlich auch studentisches Denken generell sich charakteristisch von dem von Experten unterscheiden. In diesem Sinne weisen Fehlkonzepte auf Schwierigkeiten von Studierenden hin, die im Stoff oder im Denken über den Stoff begründet sind. Solche intrinsische Schwierigkeiten geben den

Hinweis, dass Maßnahmen nötig sind, um Studierenden die angestrebte fachliche Expertise zu vermitteln. Zwei Begriffe, die wie Fehlkonzept die Bedeutung der dem Stoff inhärenten, intrinsischen Schwierigkeiten für den Lernprozess betonen, sind Schwellenkonzept *(Threshold Concept)* (Land et al. 2010) und *Bottleneck* (Pace 2017).

Schwellenkonzepte weisen auf den mit intrinsischen Schwierigkeiten verbundenen, nichtstetigen Charakter von Lernen und Verstehen hin. Schwellenkonzepte transformieren die Wahrnehmung, sobald sie verinnerlicht wurden. Wenn man z. B. das Konzept der Funktion einmal verstanden hat, sieht man die Welt mit anderen Augen. Man sieht plötzlich überall Zusammenhänge, die sich funktional beschreiben lassen. Grenzwert, Variable, Parameter und proportionales Denken sind weitere Beispiele für Schwellenkonzepte in der Mathematik.

Schwellenkonzepte ersetzen altes Denken, das aus Expertensicht oft Züge von Fehlkonzepten aufweist, durch neues Denken, das dem der Experten entspricht. Wenn Studierende Schwellenkonzepte nicht meistern, ist ihnen der Zugang zu weiteren Konzepten des Fachs in der Regel versperrt. Ohne das Konzept Grenzwert bleibt der Zugang zur Stetigkeit verwehrt– jedenfalls jenseits eines Verstehens von Stetigkeit als „glatte Kurven". Ohne proportionales Denken bleibt der Zugang zu Brüchen versperrt und Bruchrechnen wird eine bedeutungslose Übung im Jonglieren mit analytischen Ausdrücken. Der Begriff Schwellenkonzept drückt metaphorisch den transformativen Charakter dieser Konzepte aus. Sie stellen Schwellen dar, an denen viele Studierende wiederholt hängenbleiben.

Schwellenkonzepte sind wie Fehlkonzepte schwierig zu meistern. Neben weiteren Eigenschaften sind sie irreversibel, d. h. wenn man einmal ein Schwellenkonzept gemeistert hat, ist es praktisch unmöglich, es wieder zu „verlernen".

Sagredo ist skeptisch: „Ein Punkt erscheint mir an der Schwellenhaftigkeit dieser Konzepte nicht plausibel. Es gab ja offensichtlich einmal eine Zeit, in der ich solche Schwellenkonzepte noch nicht kannte und damit auch noch nicht verstanden habe. Ich kann mich jedoch nicht an solche Schwierigkeiten erinnern. Das Konzept der Funktion habe ich z. B. nie als schwierig empfunden."

Es kann gut sein, dass das Konzept der Funktion für Sagredo nie besonders schwierig war – wie wohl viele Konzepte der Mathematik. Er ist heute schließlich auch Hochschullehrer für dieses Fach. Dass der Funktionenbegriff für durchschnittliche Studierende schwierig zu konzeptualisieren ist, belegt u. a. die Literatur seit Jahrzehnten (s. z. B. Arnon 2013). Es kann auch hilfreich sein, Schwellenkonzepte in ihrer historischen Entwicklung zu betrachten. Das Konzept der Funktion ist gerade mal ca. 350 Jahre alt und ist seitdem substantiell verfeinert worden. Wenn das Konzept trivial wäre, ist es schwer nachzuvollziehen, dass es in der Mathematikgeschichte vergleichsweise jung ist.

Sagredo spricht eigentlich direkt den irreversiblen Charakter von Schwellenkonzepten an. Konsequenz dieser Irreversibilität ist, dass man sich in der Regel nicht mehr erinnern kann, wie es war, als man ein Konzept noch nicht gemeistert hat, und vor allem nicht mehr so denken kann wie zu dieser Zeit.

Sagredo ist hier vom sogenannten Fluch der Expertise betroffen. Unsere Expertise ist notwendige Voraussetzung für unsere Lehrtätigkeit. Gleichzeitig ist sie ein sehr großes Hindernis. Sie versperrt uns, so wie Studierende zu denken, und erschwert uns dadurch, Studierende bei der Überwindung konzeptueller Schwierigkeiten zu unterstützen. *Peer Instruction* ist eine Möglichkeit wieder wahrzunehmen, wie es ist, ein Konzept noch nicht verstanden zu haben.

Wir sollten uns als Lehrende vor Augen halten, dass die Inhalte und Konzepte unserer Fachdisziplin schwierig sind. Für uns als Experten sind sie naheliegend, aber (noch) nicht für unsere Studierenden als Nicht-Experten. Wären etablierte wissenschaftliche Erkenntnisse naheliegend, bräuchte es keine Wissenschaften.

Der Begriff *Bottlenecks* bezieht sich ebenfalls auf die mit Lernen verbundenen charakteristischen Schwierigkeiten – die Flaschenhälse, die Studierende in ihrer Lernentwicklung passieren müssen. Er ist weiter gefasst als die Begriffe Fehl- oder Schwellenkonzept, indem er nicht auf Konzepte beschränkt ist. *Bottlenecks* bezeichnen generell relevante Diskrepanzen zwischen Denken und Handeln von Studierenden und Experten im Fach.

Besonders dort, wo Expertenwissen implizit und hochgradig automatisiert ist, sind Lehrende buchstäblich nicht in der Lage dies an Studierende weiterzugeben. *Bottlenecks* für Studierende sind dann fast zwangsläufig. Dies ist ebenfalls ein Aspekt des Fluchs der Expertise. Ein bewährter Weg, um dieser Problematik zu entkommen, ist implizites Expertenwissen zu entschlüsseln. Der Prozess des *Decoding the Disciplines* (Pace 2017) ist eine bewährte Methode dafür.

Ein Beispiel für ein *Bottleneck* und der damit korrespondierenden impliziten Expertise ist Parsen. Mathematik–Lehrende als Experten ihres Fachs analysieren meist automatisch die Syntax von Ausdrücken und mathematischen Aussagen. Studierende dagegen tun dies in der Regel nicht, was ihnen den Zugang zur Mathematik versperren kann (Riegler 2019).

Als Lehrende benötigen wir eine vielschichtige Expertise. Dazu gehört natürlich unsere Fachexpertise, aber auch ein Mindestmaß an didaktischer Expertise. Eine wichtige, dritte Komponente ist didaktische Inhaltsexpertise *(Pedagogical Content Knowledge)* (Shulman 1986). Dies bezeichnet die Expertise, die Lehrende oft erst im Verlauf ihrer Tätigkeit entwickeln, und bezieht sich darauf, wie bestimmte Fachinhalte wirksam gelehrt werden können. *Peer Instruction* ermöglicht diese Expertise zu entwickeln.

5.4   Motivation

Lernen ist eine komplexe Tätigkeit. Sie umfasst nicht nur das Aneignen von Neuem, bisher Unbekanntem, sondern auch dessen Integration in das bisher Gelernte und Bekannte. Bei diesem Integrationsprozess kann es zu allerlei Komplikationen kommen, wie im vorangehenden Abschnitt erörtert. Lernen steht aber auch im Zusammenhang mit einem weiteren nicht minder komplexen Begriff: Motivation.

„Ohne Motivation funktioniert Lernen gar nicht.", meint Sagredo und fügt hinzu: „Wenn die Studierenden nicht intrinsisch motiviert sind, kann ich als Dozent machen, was ich will. Sie wollen dann nicht wirklich lernen. Irgendwie kann ich das sogar verstehen, denn in bestimmten Situationen meines Alltags verspüre ich generell auch keine Motivation."

Aus wissenschaftlicher Sicht ist Motivation ein komplexes Konstrukt, dessen Komplexität weit über die landläufige Dichotomie intrinsische und extrinsische Motivation hinausgeht. Ein wesentlicher Aspekt von Motivation ergibt sich aus dem Wortstamm des Begriffs: Motivation hat mit Motiv und somit mit Zielorientierung zu tun. Zielorientierung ist kein Charakterzug einer Person, obwohl wir das als Lehrende häufig meinen, wenn wir Studierende als unmotiviert charakterisieren. Vielmehr ist Motivation ein Zustand, also die Konsequenz einer Situation.

Die Motive unserer Studierenden sind vielfältig. In modernen Motivationstheorien (Svinicki 1999; Dweck 2013) werden zwei große Kategorien von Zielorientierungen unterschieden: *Mastery Goal Orientation* und *Performance Goal Orientation*. Studierende der ersten Kategorie wollen (in der gegebenen Situation) etwas meistern. Im Zusammenhang mit Lernen kümmert es sie kaum, wie schwierig der Weg dazu ist und welche Anstrengungen sie unternehmen müssen. Studierende der zweiten Kategorie haben das Bedürfnis ihre Kompetenz zu zeigen, besonders im Vergleich zu anderen Personen in ihrem Umfeld. Vereinfacht formuliert ist es ihnen wichtig „gut zu performen", also gut dazustehen. Das kann mitunter zur Folge haben, dass sie vermeiden Risiken einzugehen. In der Lehrveranstaltung die Frage eines Dozenten zu beantworten kann ein solches Risiko darstellen, wenn man dabei Gefahr läuft „nicht gut zu performen".

Gewissermaßen ist es also so, dass es nicht die Zustände „motiviert" und „nicht motiviert" gibt. Wenn wir von nichtmotivierten Studierenden sprechen, ist es eher so, dass diese tatsächlich motiviert sind, also ein Motiv haben – aber ein anderes als wir uns wünschen.

Natürlich wünschen wir uns als Lehrende einen Hörsaal voller Studierender mit *Mastery Goal Orientation*. Wir wissen, dass die Realität anders aussieht. Die Frage ist daher: Wie können wir Studierende hin zu dieser von uns gewünschten Zielorientierung bewegen – zumindest im Kontext unserer Lehrveranstaltung?

Ein Teil der Antwort besteht darin, eine fehlertolerante Atmosphäre zu schaffen (vgl. Abschn. 4.3). Wenn wir als Lehrende auf die Fehler unserer Studierenden mit Interesse und Hilfe reagieren statt mit sofortiger Berichtigung, erhöhen wir die Wahrscheinlichkeit, dass Studierende Fehler und damit die Möglichkeit, aus Fehlern zu lernen, als wertvoll erachten. Tun wir dies nicht, laufen wir Gefahr, dass Studierende ihre Fehler verbergen wollen und die Gelegenheit verpassen, aus ihnen zu lernen.

Es können Ängste im Spiel sein, wenn Studierende Lernaktivitäten vermeiden. Solche Ängste können im Motiv „Gesicht wahren" bzw. das Gesicht zu verlieren, wenn man falsch geantwortet hat, begründet sein. Die Angst kann sich dann legen, wenn Studierende wahrnehmen, dass auch andere falsch liegen.

Peer Instruction unterstützt diese „Motivationsstrategie" fast auf natürliche Weise. Das Risiko „nicht gut zu performen" wird durch die Anonymität der Abstimmung gemildert.

Studierende können außerdem am Ende der Individualphase an der breiten Verteilung der Antworten erkennen, dass viele ihrer Kommilitonen falsch liegen müssen. Sie können sich dann in „guter Gesellschaft" fühlen, denn die Gefahr, sich aus Angst vor Kommilitonen oder Dozenten zu blamieren, ist offensichtlich gering.

Literatur

Arnon, I., Cottrill, J., Dubinsky, E., Oktaç, A., Fuentes, S. R., Trigueros, M., & Weller, K. (2013). *APOS theory: A framework for research and curriculum development in mathematics education.* New York: Springer.

Dweck, C. S. (2013). *Self-theories: Their role in motivation, personality, and development.* New York: Psychology Press.

Heckler, A. F. (2011). The ubiquitous patterns of incorrect answers to science questions: The role of automatic, bottom-up processes. *Psychology of Learning and Motivation-Advances in Research and Theory, 55,* 227.

Kautz, C. (2009). *Tutorien zur Elektrotechnik.* München: Pearson.

Kautz, C., Brose, A., & Hoffmann, N. (2018). *Tutorien zur Technischen Mechanik: Arbeitsmaterialien für das Lehren und Lernen in den Ingenieurwissenschaften* Berlin: Springer.

Land, R., Meyer, J. H., & Baillie, C. (2010). *Threshold Concepts and Transformational Learning.* Rotterdam: Sense Publishers.

Lyman, F. T. (1981). The responsive classroom discussion: The inclusion of all students. In A. S. Andersen (Ed.), *Mainstreaming Digest* (S. 109–113). College Park: University of Maryland College of Education.

McDermott, L. C. (1991). Millikan Lecture 1990: What we teach and what is learned – Closing the gap. *American Journal of Physics, 59*(4), 301–315.

McDermott, L. C., & Shaffer, P. S. (1998). *Tutorials in introductory physics.* Upper Saddle River: Prentice Hall.

Pace, D. (2017). *The Decoding the Disciplines Paradigm: Seven Steps to Increased Student Learning.* Bloomington: Indiana University Press.

Riegler, P. (2019). Lost in Language Comprehension: Decoding putatively extra-disciplinary expertise. In *Proceedings of EuroSoTL19: Exploring new fields through the scholarship of teaching and learning,* S. 685–691, Bilbao.

Shulman, L. S. (1986). Those who understand: Knowledge growth in teaching. *Educational Researcher* 15(2), 4–14.

Svinicki, M. D. (1999). New directions in learning and motivation. *New Directions for Teaching and Learning, 1999*(80), 5–27.

Waldherr, F., & Walter, C. (2015). *Didaktisch und praktisch: Ideen und Methoden für die Hochschullehre* (2. Aufl.). Stuttgart: Schäffer–Poeschel.

Fragen für Peer Instruction

6

> [A]t least for me, it's not really creating questions that's tough. The
> hard part is figuring out what I want my students to learn from the
> class, and casting that in terms of what I want my students to be
> able to do.
>
> Ian Beatty

6.1 Kriterien

Die Wirksamkeit und der Erfolg von *Peer Instruction* hängen maßgeblich von der Qualität der gestellten Fragen ab. Für das Erstellen solcher Fragen gibt es keine strikten oder rezeptartigen Regeln. Dennoch gibt es grundlegende Kriterien, deren Erfüllung zur Wirksamkeit von *Peer–Instruction*–Fragen beitragen. Verschiedene Autoren haben Kriterien und zum Teil auch Entwurfsschemata beschrieben (Mazur 1997; Duncan 2005; Beatty et al. 2006; Bruff 2009; Sullivan 2009; Kautz 2016; Wieman 2017). Zu den wichtigsten und am häufigsten genannten Kriterien gehören:

1. Die Frage dient einem wichtigen Lehrziel.
2. Der Fokus liegt auf Konzepten statt Rezepten.
3. Die Frage ist nicht zu leicht und nicht zu schwer.
4. Die Distraktoren sollten plausibel sein oder charakteristische Fehlvorstellungen ausdrücken.
5. Die Frage dient als Feedback–Instrument für Studierende und Lehrende.
6. Die Frage ermöglicht, studentisches Verständnis zu diagnostizieren.
7. Als Diagnoseinstrument ist die Frage trennscharf und prüft nicht mehrere Dinge gleichzeitig.

© Springer-Verlag GmbH Deutschland, ein Teil von Springer Nature 2019
P. Riegler, *Peer Instruction in der Mathematik*,
https://doi.org/10.1007/978-3-662-60510-3_6

Das erste Kriterium sollte selbstverständlich sein. Oft dürfte die Klarheit über die eigenen Lehrziele die eigentliche Herausforderung bilden, wenn das Schreiben von *Peer–Instruction*–Fragen als schwierig empfunden wird. Das zweite Kriterium ist nicht unabhängig vom ersten, denn es erklärt Konzeptverständnis zu einem wichtigen und lohnenden Lehrziel. Die Gründe hierfür wurden in Kap. 4 erörtert. Was Konzeptfragen im Detail charakterisiert, wird Gegenstand von Abschn. 6.3 sein. Der im dritten Kriterium empfohlene mittlere Schwierigkeitsgrad begünstigt Antwortverteilungen, die Diskussionen in der *Peer–*Phase ermöglichen.

Die im vierten Kriterium angesprochenen Distraktoren bezeichnen falsche Antwortmöglichkeiten, die Studierende quasi von der richtigen Antwort weg und zu sich ziehen. Besonders geeignete Distraktoren ergeben sich aus Fehlvorstellungen. Beispielsweise ist die Antwortmöglichkeit $\sqrt{x^2} = x$ in der Fragestellung P21 in Abschn. 6.2 ein guter Distraktor, weil er die häufige Fehlvorstellung wiedergibt, dass die Wurzel–Operation die „Quadrat–entfernen–Operation" ist. Wie man Fehlkonzepte (nicht nur zum Zweck der Formulierung von Distraktoren) identifizieren kann, ist Gegenstand von Abschn. 6.9.

Peer Instruction ist ein gutes Hilfsmittel, um Studierende bei der Bewältigung von Fehlkonzepten zu unterstützen. Dazu sollte das tatsächliche Vorhandensein dieser problematischen Vorstellungen jedoch durch die Fragestellung sauber diagnostiziert werden können. Etwas allgemeiner betrachtet kann *Peer Instruction* so ermöglichen, Studierenden und Lehrenden Feedback über den aktuellen Lernstand zu geben. Beide Aspekte, Diagnose- und Feedback–Instrument, werden in Abschn. 6.4 näher erörtert werden.

Die obige Kriterienliste ist, wie bereits erwähnt, nicht als allzu präskriptiv zu sehen. Es kann u. U. sinnvoll sein, von dem einen oder anderen Kriterium abzuweichen, besonders dann, wenn das Ziel der Aufgabe es erfordert. Für viele Zielsetzungen gibt es jedoch passende Entwurfsmuster, deren Beschreibung einen wesentlichen Teil dieses Kapitels bildet.

6.2   Fragengalerie

Auf den nächsten Seiten finden Sie eine Kollektion von Fragen aus unterschiedlichen Themengebieten der Mathematik. Sie sollen im Folgenden dazu dienen, verschiedene Design–Kriterien zu veranschaulichen. Die Exponate können Ihnen auch als Anschauungsmaterial für *Peer–Instruction*–Fragen dienen. Sie umfassen bewusst „gute" und „weniger gute" Fragen für *Peer Instruction,* um Ihnen zu helfen diese voneinander abgrenzen zu können.

Nehmen Sie sich bitte etwas Zeit, bevor Sie beginnen den Abschn. 6.3 zu lesen, und schauen Sie zunächst die in dieser „Galerie ausgestellten" Fragen an. Es kommt dabei nicht darauf an, alle im Detail zu studieren oder gar zu bearbeiten. Es reicht aus, wenn Sie sich einen Überblick verschaffen. Wählen Sie sich dann zwei oder drei Aufgaben aus, die Sie besonders interessieren oder Ihre Aufmerksamkeit erregt haben, und analysieren Sie diese. Orientieren Sie sich dabei an den folgenden Leitfragen:

- Welche Ziele werden mit der Frage verfolgt?
- Was macht für Sie die Frage inhaltlich wertvoll gestellt zu werden?
- Sehen Sie Gründe die Fragestellung zu verändern und welche sind das?

Machen Sie sich am besten kurze Notizen, dann können Sie darauf zurückgreifen, wenn auf die von Ihnen analysierten Aufgaben im weiteren Verlauf Bezug genommen wird. Die Entwurfsmuster, auf denen diese Aufgaben basieren, werden in den Abschn. 6.4 und 6.5 erläutert und zu den einzelnen Aufgaben in der Fragengalerie in Bezug gesetzt werden.

Beginnen Sie also Ihren „Galerierundgang"!

▶P1 „Heute ist Montag"

(A) ist eine Aussage
(B) ist eine Aussageform, aber keine Aussage
(C) ist weder eine Aussage noch eine Aussageform

▶P2 $\forall y \in \mathbb{R}^+ : x + y > x$

(A) ist eine Aussage
(B) ist eine Aussageform
(C) ist sowohl eine Aussage als auch eine Aussageform
(D) ist weder eine Aussage noch eine Aussageform

▶P3 Drei Studierende diskutieren, ob der Satz „Heute ist Montag" eine Aussage oder eine Aussageform ist.

Wanda: Das ist eine Aussage, weil klar entschieden werden kann, ob dieser Satz wahr oder falsch ist. Es ist aber keine Aussageform, weil es kein variables Element in diesem Satz gibt.

Bertram: Ich meine, es ist eine Aussageform, weil jede Aussage auch eine Aussageform ist.

Georgia: Dieser Satz hat sehr wohl ein variables Element, nämlich „heute". Der Wert der Variablen „heute" hängt vom Tag ab. Beispielsweise hätte am 1.1.2100 die Variable „heute" den Wert Sonntag, aber am 2.1.2100 den Wert Montag. Daher ist der Satz „Heute ist Montag" ganz klar eine Aussageform, aber keine Aussage.

Wem stimmen Sie am meisten zu?

(A) Wanda
(B) Bertram
(C) Georgia
(D) Keinem der drei

▶**P4** Die Aussage „Niemand versteht Mathematik" ist falsch. Was ist dann eine Formulierung der wahren Aussage (d. h. des Gegenteils)?

(A) „Jeder versteht Mathematik."
(B) „Manche verstehen Mathematik."
(C) „Nicht jeder versteht Mathematik."

▶**P5** Die Aussage „Niemand versteht Mathematik" ist falsch. Was ist dann eine Formulierung der wahren Aussage (d. h. des Gegenteils)?

(A) „Jeder versteht Mathematik."
(B) „Manche verstehen Mathematik."
(C) „Nicht jeder versteht Mathematik."
(D) Eine andere Formulierung

▶**P6** $\forall n \in \mathbb{N} : n > 0$ ist eine wahre Aussage.
$\forall n \in \mathbb{Z} : n > 0$ ist eine falsche Aussage.
Wie steht es mit $\forall n \in \emptyset : n > 0$?

(A) Das ist eine wahre Aussage.
(B) Das ist eine falsche Aussage.
(C) Das hat einen nicht definierten Wahrheitswert.

▶**P7** Welche der folgenden Integrale können durch Substitution in ein anderes Integral überführt werden?

(A) $\displaystyle\int x \sin^2 x \, dx$

(B) $\displaystyle\int x \sin x^2 \, dx$

(C) $\displaystyle\int 2x \, dx$

(D) $\displaystyle\int 2f(x^2) x \, dx$

▶**P8** Wenn die Integrandenfunktion ein Produkt von Funktionen ist, dann sind folgende Integrationsverfahren potentiell hilfreich:

(A) Partielle Integration
(B) Summenregel
(C) Kettenregel
(D) Substitution
(E) Uneigentliche Integration

▶**P9** Wenn die Integrandenfunktion ein Produkt von Funktionen ist, dann sind folgende Integrationsverfahren potentiell hilfreich:

(A) Partielle Integration
(B) Summenregel
(C) Kettenregel
(D) Substitution
(E) Uneigentliche Integration
(F) mehr als eines dieser Verfahren

▶**P10** Wenn die Integrandenfunktion ein Produkt von Funktionen ist, dann sind folgende Integrationsverfahren potentiell hilfreich:

(A) Partielle Integration
(B) Kettenregel
(C) Substitution
(D) zwei der genannten Verfahren (welche?)
(E) alle genannten Verfahren

▶**P11** Wie viele der folgenden Ableitungen sind 0?

$$\frac{d}{da}\int_a^b f(x)\,dx, \qquad \frac{d}{dx}\int_a^b f(x)\,dx$$

(A) Beide
(B) Genau eine
(C) Mindestens eine
(D) Keine
(E) Es fehlt Information, um die Frage beantworten zu können.

▶**P12** Wenn es eine Turingmaschine M gibt, die alle Worte einer Sprache L akzeptiert (d. h. in den Zustand *accept* geht), dann ist L

(A) entscheidbar *(decidable)*
(B) erkennbar *(recognizable)*, aber nicht entscheidbar
(C) Es fehlt Information, um die Frage beantworten zu können.

▶**P13** Wenn es eine Turingmaschine M gibt, die alle Worte einer Sprache L akzeptiert und alle anderen verwirft (d. h. in den Zustand *reject* geht), dann ist L

(A) entscheidbar *(decidable)*

(B) erkennbar *(recognizable)*, aber nicht entscheidbar

(C) Es fehlt Information, um die Frage beantworten zu können.

▶**P14** Wenn es eine Turingmaschine M gibt, die alle Worte einer Sprache L akzeptiert und für alle anderen nicht in einen Endzustand geht, dann ist L

(A) entscheidbar *(decidable)*

(B) erkennbar *(recognizable)*, aber nicht entscheidbar

(C) Es fehlt Information, um die Frage beantworten zu können.

▶**P15** Wenn für jede ~~es eine~~ Turingmaschine M ~~gibt, die alle Worte einer Sprache L akzeptiert und alle anderen nicht in einen Endzustand geht,~~ mit der Eigenschaft „M erkennt L" M kein Entscheider ist, dann ist L

(A) entscheidbar *(decidable)*

(B) erkennbar *(recognizable)*, aber nicht entscheidbar

(C) Es fehlt Information, um die Frage beantworten zu können.

▶**P16** Nehmen Sie eine Münze und werfen diese viermal. Schreiben Sie die erhaltene Sequenz von Kopf und Zahl auf (z. B. KZKK oder ZZZK).
Wie häufig haben Sie in den vier Würfen Kopf erhalten?

(A) 0 mal

(B) 1 mal

(C) 2 mal

(D) 3 mal

(E) 4 mal

▶**P17** Linda ist eine 31-jährige Frau. Sie ist Single, offen und aufgeweckt. In ihrem Studium hatte sie Philosophie als Hauptfach belegt. Sie beschäftigt sich sehr stark mit Fragen von Diskriminierung und sozialer Gerechtigkeit.
Betrachten Sie die beiden folgenden Aussagen:

Aussage I: Linda arbeitet in einer Bank am Schalter.

Aussage II: Linda arbeitet in einer Bank am Schalter und ist in der Frauenbewegung aktiv.

(A) Aussage I ist wahrscheinlicher als Aussage II.

(B) Aussage II ist wahrscheinlicher als Aussage I.

(C) Beide Aussagen (I und II) sind gleich wahrscheinlich.

(D) Es lässt sich nicht entscheiden, welche der beiden Aussagen wahrscheinlicher ist.

(E) Ich bin mir nicht sicher, welche Antwort richtig ist.

▶**P18** Die Funktion $f : x \mapsto x^2$ ist

(A) injektiv
(B) surjektiv
(C) sowohl injektiv als auch surjektiv
(D) weder injektiv noch surjektiv
(E) Es fehlt Information, um eine Aussage treffen zu können.

▶**P19** Die oberen beiden Graphen zeigen die Funktionen f und g. Welcher der folgenden Graphen stellt dann $f \circ g$ dar?

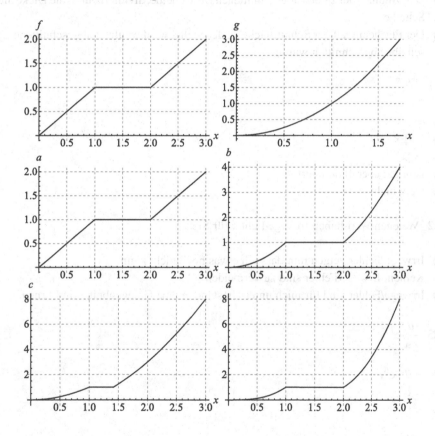

▶**P20** Wenn man von einem Laib Brot eine Scheibe wegschneidet, ändert man das Volumen des Laibs. Im Folgenden bezeichne x die Länge des Brotlaibs von einem Ende bis zu der Stelle, wo die Scheibe abgeschnitten wurde, $V(x)$ bezeichne das Volumen dieses Brotstücks der Länge x (vgl. Abbildung). Welche Bedeutung hat dann für jedes x die Größe dV/dx?

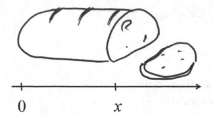

(A) Das Volumen einer Brotscheibe
(B) Das Volumen der zuletzt abgeschnittenen Brotscheibe, dividiert durch die Dicke dieser
     Scheibe
(C) Der Flächeninhalt der Schnittfläche an der Stelle, wo die zuletzt abgeschnittene Brot-
     scheibe abgeschnitten wurde

▶P21 $\sqrt{x^2}$

(A) $= x$
(B) $= \pm x$
(C) $= |x|$
(D) ist nicht überall definiert
(E) weiß nicht

▶P22 Welchen Wert haben Irrwege/Fehler für Sie?

(A) Irrwege/Fehler zeigen mir, dass ich etwas noch nicht kann.
(B) Keinen. Irrwege/Fehler sind zu vermeiden.
(C) Irrwege/Fehler sind für mich unter Umständen eine Gelegenheit zum Lernen.

▶P23 $\dfrac{d}{dx}e^7$

(A) $= 7 \cdot e^6$
(B) $= e^7$
(C) $= 0$

▶P24 $\dfrac{d}{dx}e^{7x}$

(A) $= e^{7x}$
(B) $= 7 \cdot e^{7x}$
(C) $= 7x \cdot e^{7x-1}$

►**P25** Welches „wenn" in

(1) „Wenn es regnet, ist die Straße nass."
(2) „Ihre Mutter sagt: Wenn Du Deinen Teller leer ist, bekommst Du Nachtisch."

hat dieselbe Bedeutung wie das „wenn" in „Eine Funktion f heißt monoton wachsend, wenn $\forall x_1, x_2 : x_1 < x_2 \rightarrow f(x_1) = f(x_2)$."?

(A) Nur (1)
(B) Nur (2)
(C) Beide
(D) Keines

►**P26** Welcher Zeiger repräsentiert $2 \exp\left(-i\frac{5}{3}\pi\right)$?

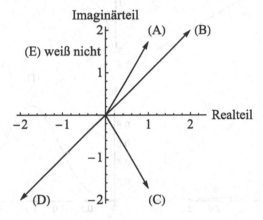

►**P27** Welche der folgenden Zahlen sind komplex konjugierte Zahlen?

(A) $2 \exp\left(i\frac{\pi}{3}\right)$
(B) $4 - 5i$
(C) 5
(D) $-2 + 3i$

►**P28** In vielen Programmiersprachen wird für die Deklaration von Funktionen die Form

$$\texttt{XXX Funktionsname (ZZZ Variablenname)}$$

verwendet, z. B. bei int quadrat(int x). Welche Mengen werden in der Programmierung bei der Deklaration von Funktionen gemäß der obigen Form verwendet?

An der Stelle XXX steht

(A) keine Menge
(B) die Definitionsmenge
(C) die Wertemenge
(D) die Bildmenge.

▶**P29** Welche der dargestellten Funktionen könnte eine Lösung von $y' = y/x$ sein?
($y' = dy/dx$)

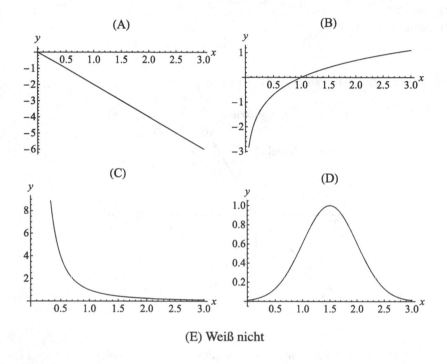

(E) Weiß nicht

▶**P30** Mr. X kann sich in Sachen Hemd und Krawatte auf 72 verschiedene Arten kleiden.
Er hat 9 Hemden. Wie viele Krawatten hat er?

(A) $\binom{72}{9}$

(B) $\dfrac{72}{9}$

(C) 2^9

(D) 2^{72}

(E) $\dfrac{72!}{(72-9)!}$

▶**P31** Bestimmen Sie die Lösung des folgenden linearen Gleichungssystems:

$$\begin{pmatrix} 1 & -2 & 0 & 0 \\ -3 & 2 & 0 & 0 \end{pmatrix} \cdot \mathbf{x} = \mathbf{0}$$

(A) $\mathbf{x} = \mathbf{0}$

(B) $\mathbf{x} = \alpha \begin{pmatrix} 2 \\ 1 \end{pmatrix} + \beta \begin{pmatrix} 2 \\ 3 \end{pmatrix}$, $\alpha, \beta \in \mathbb{R}$

(C) $\mathbf{x} = \alpha \begin{pmatrix} 0 \\ 0 \\ 1 \\ 1 \end{pmatrix} + \beta \begin{pmatrix} 0 \\ 0 \\ 1 \\ -1 \end{pmatrix}$, $\alpha, \beta \in \mathbb{R}$

(D) eine andere Lösung

(E) weiß nicht

▶**P32** Welche Herangehensweise an die vorherige Aufgabe beschreibt Ihre am besten?

(A) Ich habe die Gleichung gelöst bzw. begonnen die Gleichung zu lösen, um meine Lösung mit den vorgegebenen Antwortmöglichkeiten zu vergleichen.

(B) Ich habe die vorgegebenen Kandidaten für eine Lösung in die Gleichung eingesetzt, um zu prüfen, ob sie diese lösen.

(C) Ich bin anders vorgegangen.

(D) Ich bin auf keine Herangehensweise gekommen.

▶**P33** Ein Student gibt für die Lösung eines inhomogenen linearen Gleichungssystems mit einer 5 × 4–Koeffizientenmatrix folgende Lösung für den unbekannten Vektor **x** an:

$$\mathbf{x} = \alpha \begin{pmatrix} -7 \\ 3 \\ -10 \\ 9 \end{pmatrix} + \beta \begin{pmatrix} 3 \\ -5 \\ 4 \\ -5 \end{pmatrix}, \quad \alpha, \beta \in \mathbb{R}$$

Kann diese Lösung richtig sein?

(A) Diese Lösung ist mit Sicherheit nicht richtig.

(B) Aufgrund der vorliegenden Information ist nicht entscheidbar, ob die Lösung richtig oder falsch ist.

(C) Die Lösung ist mit Sicherheit richtig.

▶**P34** Wie lässt sich die folgende Aufgabenstellung am besten modellieren?

Eine Tabelle mit fünf Zeilen und drei Spalten wird so mit Ziffern von 0 bis 9 gefüllt, dass in jeder Spalte Ziffern nicht mehr als einmal vorkommen. Wie viele mögliche solche Tabellen gibt es?

Auswahl...	**mit** Zurücklegen	**ohne** Zurücklegen
mit Beachtung der Reihenfolge	(A)	(B)
ohne Beachtung der Reihenfolge	(C)	(D)

(E) mit einem anderen Modell, z. B. Summenregel oder einer Kombination von (A)–(D)

▶**P35** In einer Urne befinden sich 100 Zettel, die mit unterschiedlichen Ziffern bedruckt sind. Vier Zettel werden mit Zurücklegen nach einem der folgenden Verfahren entnommen:

- Verfahren I: Die Zettel werden ohne Beachtung der Reihenfolge entnommen.
- Verfahren II: Die Zettel werden nach dem Wert der aufgedruckten Ziffer aufsteigend sortiert.

Bei welchem Verfahren ist die Anzahl der Möglichkeiten am größten?

(A) Verfahren I
(B) Verfahren II
(C) Die Anzahl der Möglichkeiten ist bei beiden Verfahren gleich.
(D) Es fehlt Information, um diese Frage beantworten zu können.

▶**P36** Wo liegt der Fehler bzw. der erste Fehler, falls mehr als ein Fehler vorliegt?
„Gegeben war

$$f(x) = 16 \cdot x^2 + 64 \cdot x + 66$$

und $f = g \circ h$ mit

$$g(x) = 4 \cdot x^2 + 2.$$

Gesucht war $h(x)$. [Also: $f(x) = g(h(x)) = 4h(x)^2 + 2$]

(A) Ich hatte damit angefangen das $[h(x)^2]$ zu isolieren und hatte dann die Gleichung $4x^2 + 16x + 16 = h(x)^2$.
(B) Als nächstes habe ich Werte für $h(x)$ gesucht, mit denen die Gleichung erfüllt ist.
(C) Dies war für mich $h(x) = 2x + \sqrt{16x} + 4$,
(D) denn $(2x + \sqrt{16x} + 4)^2 = 4x^2 + 16x + 16$."
(E) Die Berechnung ist fehlerfrei.

▶**P37** Ist der folgende Vorschlag fehlerbehaftet, und wenn ja, wo liegt der (erste) Fehler? „Ist folgender Beweis, dass L nicht nichtkontextfrei ist, richtig/korrekt geführt? Falls nicht, wo liegt der Fehler?

$$L = \{0^n 1^n 0^n | n \geq 0\}$$

(A) Ich nehme an, dass L eine kontextfreie Sprache ist. Dann ist p die Pumplänge für L. Dann ist $s = 0^p 1^p 0^p$, damit ist $|s| \geq p$.

(B) Dann sagt das Pumping Lemma, dass:

    a. Für jedes $i \geq 0$, $uv^i xy^i z \in L$ ist

    b. $|vy| > 0$

    c. $|vxy| \leq p$

(C) Da $|vxy| \leq p$ sein muss, und $s = 0^p 1^p 0^p$ ist, kann vxy nur aus 1en gefolgt von 0en oder 0en gefolgt von 1en oder nur 1en oder nur 0en bestehen.

(D) Folglich wäre L nicht nichtkontextfrei, da vxy nur aus 1en bestehen könnte und dann für jedes $i \geq 0$ das entstehende Wort in L liegt.“

(E) Der Beweis ist fehlerfrei.

▶**P38** Aus dem Lehrbuch kennen Sie den folgenden Beweis zum

Satz: Es gibt keine größte Primzahl.

Beweis: Angenommen es gibt eine größte Primzahl p. Seien $p_1, p_2, \ldots, p_n$ alle Primzahlen und sei

$$q = p_1 p_2 \cdots p_n + 1. \qquad (\star)$$

Weil q größer als das Produkt aller Primzahlen ist, gilt $q > p$. Da p die größte Primzahl sein soll, müssen wir auch annehmen, dass q keine Primzahl ist. Deswegen muss q einen Primteiler $p_i \in \{p_1, p_2, \ldots, p_n\}$ haben und wegen $(\star)$ ist

$$\boxed{q = p_i \cdot \alpha} = \underbrace{p_1 p_2 \ldots p_n}_{=\, p_i \beta} + 1 = p_i \beta + 1.$$

Also gilt $p_i \cdot (\alpha - \beta) = 1$, wobei $\alpha - \beta$ eine ganze Zahl ist. Das ist aber eine falsche Aussage, denn das Produkt einer Primzahl p_i mit einer ganzen Zahl kann niemals 1 ergeben. Damit haben wir einen Widerspruch zur Annahme, dass q keine Primzahl ist. Also muss q eine Primzahl sein.

Wegen $q > p$ würde dies aber bedeutetn, dass die Primzahl q größer als die angenommene größte Primzahl p ist. Es kann also keine größte Primzahl geben. q.e.d.

Was soll in diesem Beweis mit $\boxed{q = p_i \cdot \alpha}$ ausgedrückt werden?

(A) p_i ist ein Vielfaches von q.
(B) α ist ein Vielfaches von q.
(C) q ist ein Vielfaches von p_i.
(D) q ist ein Vielfaches von α.
(E) Das kann man nur sagen, wenn man die konkreten Zahlenwerte von q, p_i und α kennt.

▶**P39** Aus dem Lehrbuch kennen Sie den folgenden Beweis zum

Satz: Es gibt keine größte Primzahl.

Beweis: Angenommen es gibt eine größte Primzahl p. Seien $p_1, p_2, \ldots, p_n$ alle Primzahlen und sei

$$q = p_1 p_2 \cdots p_n + 1. \tag{$\star$}$$

Weil q größer als das Produkt aller Primzahlen ist, gilt $q > p$. Da p die größte Primzahl sein soll, müssen wir auch annehmen, dass q keine Primzahl ist. Deswegen muss q einen Primteiler $p_i \in \{p_1, p_2, \ldots, p_n\}$ haben …

Wie kann der letzte Aussage formal aufgeschrieben werden?

(A) $q = p_i \cdot \alpha$
(B) $q = p_1 p_2 \cdots p_n$
(C) $q = p_1 p_2 \cdots p_n + 1$
(D) auf andere Art und Weise
(E) weiß nicht

▶**P40** Ist die graphisch dargestellte Relation transitiv?

(A) Ja
(B) Nein
(C) Zum Teil
(D) Ich weiß es nicht.

▶**P41** Definition: Eine Relation R auf A heißt genau dann murksisch, wenn für alle $a, b \in A$ gilt: $(a, b) \in R \vee (b, a) \in R \to a \neq b$

Ist die graphisch dargestellte Relation murksisch?

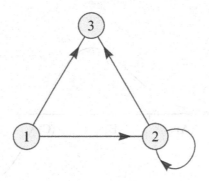

(A) Ja
(B) Nein
(C) Ich weiß es nicht.

▶P42 Die Aussage $\{\emptyset\} \subseteq \{\{1, 2\}, \{\emptyset\}\}$ ist

(A) wahr
(B) falsch
(C) weiß nicht

▶P43 „Eine n-elementige Menge hat 2^n Teilmengen" ist

(A) ein Theorem
(B) eine Definition
(C) keines von beidem
(D) beides
(E) Ich weiß es nicht.

▶P44 Die Cramersche Regel

(A) ist ein Verfahren zum Lösen von linearen Gleichungssystemen
(B) ist kein Verfahren zum Lösen von linearen Gleichungssystemen; das ist nur das Gauß–Verfahren
(C) ist ein Verfahren zum Lösen von linearen Gleichungssystemen mit gleich vielen Gleichungen wie Unbekannten

▶**P45** In welchem Bereich ist eine Stelle, an der die Änderungsrate der dargestellten Funktion gleich 0 ist?

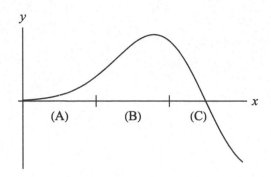

▶**P46** Wie sicher sind Sie sich, dass die von Ihnen gerade gegebene Antwort korrekt ist?

(A) hoch: sehr sicher
(B) mittel: eher sicher
(C) niedrig: recht unsicher

▶**P47** Bestimmen Sie, ob und wo die Änderungsrate der Funktion

$$f(x) = x^3 - 9x^2 + 27x - 26$$

null ist.

(A) An der Stelle $x = 2$
(B) An der Stelle $x = 3$
(C) An einer anderen Stelle
(D) Die Änderungsrate ist nirgends 0.

▶**P48** Was hilft in der unteren Zeile den logischen Ausdruck weiter zu vereinfachen?

$$(A \rightarrow B) \wedge (B \rightarrow C) \rightarrow (A \rightarrow C)$$
$$\Leftrightarrow \neg[(\neg A \vee B) \wedge (\neg B \vee C)] \vee (\neg A \vee C) \quad | \text{ Ersetzen von } \rightarrow$$
$$\Leftrightarrow \neg(\neg A \vee B) \vee \neg(\neg B \vee C) \vee \neg A \vee C \quad | \text{ de Morgan}$$
$$\Leftrightarrow (A \wedge \neg B) \vee (B \wedge \neg C) \vee \neg A \vee C \quad | \text{ de Morgan}$$
$$\Leftrightarrow \neg A \vee (A \wedge \neg B) \vee C \vee (\neg C \wedge B) \quad | \text{ Assoziativität}$$

(A) Absorptionsgesetz
(B) de Morgansche Regel

(C) Distributivgesetz

(D) etwas anderes

Nochmals zur Erinnerung: Nehmen Sie sich bitte etwas Zeit einige Exponate dieser Fragen-galerie[1] mit Hilfe der oben genannten Leitfragen zu analysieren, bevor Sie weiterlesen.

6.3   Konzeptfragen

Als besonders geeignet für *Peer Instruction* erweisen sich Konzeptfragen, also Fragen, die die Bedeutung von Begriffen oder auch die Zusammenhänge zwischen Begriffen zum Gegenstand haben. Eric Mazur (1997) bezeichnet daher *Peer–Instruction*–Fragen als *ConcepTests*. Was landläufig als Verständnisfrage bezeichnet wird, fällt oft in die Kategorie Konzeptfragen.

Konzeptfragen sind insbesondere dadurch gekennzeichnet, dass sie zur Lösung nicht die Durchführung vieler Schritte erfordern. „Rechenaufgaben" eignen sich daher in der Regel nicht für *Peer Instruction*. Konzeptfragen sind oft qualitativ und in der Regel nicht quantitativ.

Lassen Sie uns als Beispiel die Aufgabe zu Differentialgleichungen aus Abb. 2.1 und im Kontrast dazu die folgende Aufgabe betrachten:

▶ Bestimmen Sie die Lösung der Differentialgleichung $y' = -x\,y$ und wählen Sie die Ihrer Lösung entsprechende Antwortmöglichkeit aus.

(A) $y(x) = -x^2/2 + C$

(B) $y(x) = x^4 + C$

(C) $y(x) = C \exp(-x^2/2)$

(D) $y(x) = \left(x - C^{1/3}\right)^3 + C$

(E) Meine Lösung sieht anders aus.

Beide Aufgaben haben dieselbe Differentialgleichung zum Gegenstand. Bei der erstgenann-ten Aufgabe geht es nicht direkt um die Lösung, sondern darum, wie die Lösung beschaffen ist. Sie ist daher qualitativ. Dagegen geht es in der zweiten Aufgabenstellung darum, welchen „Wert" die Lösung hat. Sie ist eher quantitativ.

Bei der ersten Aufgabenstellung geht es vorrangig um das Konzept der Differentialglei-chung. Das Konzept der Differentialgleichung beinhaltet die Gleichheit eines Ausdrucks,

---

[1]Die Fragen P13, P14 und mit Modifikationen P15 sind aus dem Kurs *Theory of Computation* (Lee 2012) mit freundlichen Genehmigung der Autorin. P20 und P23 sind aus (Terrell et al. 2016) mit freundlicher Genehmigung der Autoren, P25 ist von einer Frage aus dieser Sammlung inspiriert. P16 ist inspiriert von (Duncan 2005). P19 ist eine modifizierte Variante einer Aufgabe von Pilzer (2001). P17 ist eine auf *Peer Instruction* angepasste Fragestellung von Tversky und Kahneman (1983).

der von Ableitungen einer Funktion abhängt, mit einem Ausdruck, der von der Funktion selbst abhängt. Bei der zweiten Aufgabenstellung geht es dagegen um die Durchführung des Prozesses der Lösungsbestimmung.

Sagredo ist nicht ganz einverstanden: „Ich sehe keinen wesentlichen Unterschied zwischen den beiden Aufgabenvarianten. Auch wenn die zweite auffordert, die Lösung zu berechnen, würde ich das nicht tun, sondern die Antwortmöglichkeiten in die Differentialgleichung einsetzen und schauen, ob sie diese erfüllen. Bei der ersten Variante gehe ich im Prinzip genauso vor. Ich ‚setze‘ die Graphen in die Differentialgleichung ein. Das kann ich natürlich nur qualitativ tun.“

Natürlich hat Sagredo Recht, dass es bei der zweiten Aufgabenvariante schlauer ist zu überprüfen, ob die Antwortmöglichkeiten die Differentialgleichung erfüllen, statt diese zu lösen. Aber werden Studierende das mehrheitlich so tun? Vermutlich werden viele aufgrund des „Rechencharakters“ der Fragestellung tatsächlich versuchen die Lösung zu berechnen, insbesondere dann, wenn Rechenverfahren in der Lehrveranstaltung im Vordergrund stehen. Selbst wenn Studierende bei der zweiten Aufgabenvariante die Antwortmöglichkeiten in die Differentialgleichung einsetzen, ist es möglich, dass sie die Frage erfolgreich beantworten ohne das Konzept der *Differential*gleichung verstanden zu haben. Einsetzen erfordert die Durchführung eines Kalküls (Berechnung der Ableitung), was ohne ein Verständnis des Konzepts Differentiation möglich ist. Danach muss nur noch die Gleichheit von Ausdrücken überprüft werden. Der Bezug zu Funktionen, der charakteristisch für das Konzept Differentialgleichung ist, ist in diesem Fall nicht von Bedeutung.

Weiterhin erscheint es schwer vorstellbar, dass die zweite Fragenvariante zu (fruchtbaren) Diskussionen unter Studierenden führt. Studentische Dialoge werden sich allenfalls auf das Überprüfen und Nachvollziehen von Rechenschritten beschränken. Zudem ist der diagnostische Wert der zweiten Fragestellung geringer. Wenn Studierende diese Frage falsch beantworten, kann nicht darauf geschlossen worden, ob es daran liegt, dass sie einen oder mehrere der notwendigen Berechnungsschritte nicht korrekt ausgeführt haben, oder ob sie das Konzept der Differentialgleichung noch nicht verstehen.

Sagredos Einwand macht übrigens die Relevanz der mit einer *Peer–Instruction*–Frage verbundenen Ziele deutlich. Während die Frage in Abb. 2.1 auf Konzeptverständnis abzielt, steckt in Sagredos Einwand planerisches Denken als Ziel. Zweifelsfrei ist dies ein lohnendes, wenn auch kognitiv wohl anspruchsvolleres Ziel. Wie könnte daher eine *Peer–Instruction*–Frage aussehen, die überprüft, ob Studierende planerisch an die obige Aufgabenstellung herangehen oder stattdessen „impulsiv“ der Aufgabenstellung folgend die Lösung zu berechnen versuchen?

Fragestellung P32 stellt eine Möglichkeit dar, dieses eben angesprochene Ziel im Rahmen einer *Peer Instruction* anzusprechen, z. B. indem sie nach der Frage P31 gestellt wird. Im einfachsten Fall dient die Fragestellung P32 Lehrenden nur zur Erhebung der Information, wie Studierende beim Lösen der vorangegangen Aufgabenstellung vorgegangen sind. Die Fragestellung kann darüber hinaus Anlass bieten, planerisches Denken und Strategie in der

Lehrveranstaltung zu thematisieren. Denken Sie daran, dass Sie dem in der Lehrveranstaltung Zeit geben sollten, das Sie für wichtig erachten.

Ein weiteres Kontrastpaar bestehend aus Konzeptfrage und „Rechenaufgabe" bilden die Fragestellungen P45 und P47 aus der Galerie. Während bei P47 das Berechnen von Ableitungen und Lösen einer quadratischen Gleichung zum Gegenstand hat, beleuchtet P45, was Studierende unter dem Konzept Änderungsrate verstehen. In der Galerie ist P47 das prototypische Beispiel für eine Fragestellung, die wegen ihres Rechencharakters kaum für *Peer Instruction* geeignet sein dürfte.

Sagredo ist die Abgrenzung zu „Rechenaufgaben" nicht ganz verständlich: „Auch mir ist es wichtig, dass die Studierenden die Konzepte verstehen und nicht nur Rechenverfahren ‚hirnlos' ausführen können. Ich verstehe aber nicht, warum Beispiel P8 in Abschn. 6.2 eine Konzeptfrage ist. Dort geht es doch um Berechnungsverfahren." Das stimmt. Jedoch muss bei P8 nichts berechnet werden. Es geht viel mehr darum zu diagnostizieren, ob Studierende mit Integranden in Produktform als Integrationsverfahren ausschließlich die partielle Integration assoziieren.

Bei Konzeptfragen stehen die Bedeutung von Begriffen, Strukturen, Zusammenhänge zwischen Konzepten oder die Anwendbarkeit von Verfahren im Vordergrund. Häufig verlangen sie, wesentliche Konzepte auf unbekannte Situationen anzuwenden oder Aussagen über Beispielsituation zu treffen. Sie ermöglichen, Verständnisschwierigkeiten sichtbar zu machen.

Im Allgemeinen ist es nicht ratsam, im Rahmen von *Peer Instruction* Faktenfragen zu stellen, die alleine durch Kenntnis oder Nachschlagen des Stoffes beantworten werden können. Derartige Fragen geben kaum zu ernsthaften Diskussionen Anlass. Sie sollten allenfalls selten gestellt werden, ebenso wie Fragestellungen, die umfangreiche, mehrschrittige Berechnungen erfordern.

6.4   Allgemeine Entwurfsmuster

Ein bewährter Zugang zum Entwurf von Artefakten beruht auf Entwurfsmustern. Dies sind Lösungsschablonen für wiederkehrende Entwurfsprobleme. Die von Beatty et al. (2006) vorgestellten Entwurfsmuster für *Peer–Instruction*–Fragen sollen hier mit Hilfe der *Peer–Instruction*–Fragen aus der Galerie in Abschn. 6.2 veranschaulicht werden. Eine Übersicht dieser Entwurfsmuster ist in Tab. 6.1 dargestellt.

Die Kategorien dieser Entwurfsmuster sind teilweise überlappend. Das ist in Ordnung, weil der Zweck nicht die Klassifikation von *Peer–Instruction*–Fragen, sondern der Entwurf solcher Fragen ist. Lassen Sie sich nicht von der Vielzahl der Entwurfsmuster in Tab. 6.1 einschüchtern. Sie müssen diese nicht umfassend kennen und beherrschen, um gute *Peer–Instruction*–Fragen entwerfen zu können. Sehen Sie sie als Werkzeuge. Manche werden Sie häufig verwenden und daher im Gedächtnis haben. Andere werden Sie vielleicht nie verwenden, wieder andere eher selten. Diese schlagen Sie dann eben wie in einer Gebrauchs-

Tab. 6.1 Allgemeine Entwurfsmuster für *Peer–Instruction*–Fragen nach Beatty et al. (2006)

Entwurfsmuster für das Lenken von Aufmerksamkeit und das Schaffen von Bewusstsein Unwesentliches entfernen ‖ vergleichen und kontrastieren ‖ Kontext erweitern ‖ Ups – nochmal zurück
Entwurfsmuster für das Anregen kognitiver Prozesse Repräsentationen interpretieren ‖ vergleichen und kontrastieren ‖ Kontext erweitern ‖ auf Strategie fokussieren ‖ belanglose Information einfügen ‖ notwendige Information weglassen
Entwurfsmuster für das formative Nutzen der Antwortdaten Distraktoren legen Schwierigkeiten offen ‖ Antwortoption „keines davon" nutzen
Entwurfsmuster für das Fördern von Artikulation, Konflikt und produktiven Diskussionen Qualitative Fragen ‖ Analyse- und Argumentationsfragen ‖ mehrere vertretbare Antwortmöglichkeiten verwenden ‖ nicht genannte Annahmen einfordern ‖ ungerechtfertigte Annahmen transparent machen‖ absichtliche Mehrdeutigkeit ‖ Fehlkonzepte einbauen

anleitung nach. Die Vielzahl der Entwurfsmuster zeigt vor allem die weite Bandbreite des Einsatzbereichs von *Peer Instruction.*

Die Entwurfsmuster orientieren sich in Übereinstimmung mit dem in Abschn. 6.1 genannten, führenden Kriterium an Lehrzielen. Die Entwurfsmuster sind Werkzeuge oder „Schnittmuster" zum Erstellen lernzielorientierter *Peer–Instruction*–Fragen. Beatty et al. (2006) unterscheiden dazu drei Kategorien von Zielen, deren Erreichen durch *Peer Instruction* unterstützt werden kann: inhaltliche Ziele, Prozessziele und metakognitive Ziele.

Inhaltliche Ziele, Prozessziele und metakognitive Ziele

Um zu klären, welche Inhalte mittels *Peer Instruction* beleuchtet werden sollen, ist es hilfreich, wenn Sie sich vergegenwärtigen, dass die Kontaktzeit mit den Studierenden begrenzt ist. Daher ist es ratsam mittels *Peer Instruction* vorrangig kritische Inhalte, Kernkonzepte und -prinzipien, wichtige Begriffsabgrenzungen etc. zu thematisieren; also Dinge, die Studierende verstanden haben müssen, um dem Fortschritt des Kurses folgen zu können.

Um zu klären, ob Sie Prozessziele mit *Peer Instruction* unterstützen wollen, müssen Sie sich überlegen, welche kognitiven Fähigkeiten Ihre Studierenden erlernen, einüben oder praktizieren sollen. Expertise zeichnet sich nicht nur dadurch aus, *was* man weiß oder kennt, sondern auch dadurch, *wie* man etwas macht und an die Dinge herangeht. Dazu gehören u. a. Fähigkeiten wie Erklären, Beschreiben, Modellieren, Vergleichen, den Anwendungsbereich erweitern, Abgrenzen, repräsentationale Vielfalt suchen und nutzen, Planen und Reflektieren. Wir können als Lehrende nicht davon ausgehen, dass Studierende diese Fähigkeiten alleine durch die Auseinandersetzung mit den fachlichen Inhalten erlernen oder weiterentwickeln. Viele Studierende müssen dazu explizit Gelegenheit erhalten. *Peer Instruction* kann solche Gelegenheiten schaffen.

Um zu klären, ob Sie metakognitive Ziele mit *Peer Instruction* verfolgen wollen, sollten Sie überlegen, welche Vorstellungen über das Lernen der Fachinhalte Ihre Studierenden haben oder entwickeln sollen. Alles, was im Kurs passiert, kommuniziert und generiert – explizit oder implizit – Einstellungen zum Fach, zum Lernen und darüber, welches „Spiel hier gespielt" wird. Geht es darum, Dinge für die Klausur zu memorieren? Geht es um Dinge, die besonders für Spezialisten relevant sind, aber eher keinen Bezug zum Alltag oder zukünftigen Berufswelt der Studierenden haben? Besteht das Lernen des Stoffs alleine darin, Handlungen immer wieder auszuführen, bis sie einem in Fleisch und Blut übergegangen sind?

Beispiel P22 spricht eine metakognitive Vorstellung direkt an.[2] Beispiel P21 ermöglicht u. a. zu thematisieren, dass Lernen auch Umlernen erfordern kann und dass Vorstellungen, die über viele Jahre hinweg (vermeintlich) gute Dienste geleistet haben, mitunter aufgegeben oder weiterentwickelt werden müssen (etwa $\sqrt{x^2} = x$). Hinterfragen von Vorstellungen und Lernen aus Fehlern ist für Wissenschaften und deren Entwicklung durchaus charakteristisch. Dieses explizit zu thematisieren kann dazu beitragen, dass Studierende ein Bild von unserem Fach entwickeln, von dem wir wollen, das sie es haben.

Gerade hinsichtlich kognitiver und metakognitiver Ziele erlaubt *Peer Instruction* explizit zu lehren, was häufig eher Bestandteil des verborgenen Curriculums (Redish 2003) ist: Dinge jenseits der Fachinhalte, von denen wir hoffen, dass Studierende diese durch die Beschäftigung mit den Inhalten nebenbei erlernen.

Sagredo kann dem zustimmen: „Ja, das stimmt. Mehr noch als Inhalte zu verstehen, möchte ich, dass meine Studierende lernen, wie Experten zu denken. Ich möchte auch, dass sie mit Hilfe meiner Lehrveranstaltung die Fähigkeit erwerben, sich neue Dinge selbst anzueignen. Nur: Ich selbst habe das auch gelernt, ohne dass meine Professoren dies in der Lehrveranstaltung thematisiert haben. Ich gebe aber zu, dass mir damals Diskussionen mit Kommilitonen dabei sehr geholfen haben. Und ich hatte mehr Zeit: Studium, Promotion, Postdoc und meine ganze professionelle Praxis. Wir wollen ja nicht nur Professoren ausbilden. Daher hat es wohl Wert, diesen Dingen in der Lehrveranstaltung Zeit zu widmen."

Die Relevanz der Ziele ist also geklärt. Wir können uns nun den einzelnen Entwurfsmustern zuwenden. Beatty et al. (2006) sehen diese als Taktiken, um die Ziele zu erreichen, wenn als Strategie *Peer Instruction* gewählt wurde.

---

[2]Diese Aufgabenstellung lebt davon, bei einer passenden Gelegenheit gestellt zu werden. Eine solche Gelegenheit ist bspw. dann gegeben, wenn Lehrende bemerken, dass etliche Studierende vermeiden in Situationen zu geraten, in denen sie Gefahr laufen Fehler zu begehen. Oder wenn Lehrende mitbekommen, dass sich Studierende über Fehler anderer Studierender lustig machen.

Die Frage P22 erfordert nicht, dass alle drei *Peer-Instruction*-Phasen durchlaufen werden. Es ist denkbar, das Abstimmungsergebnis der Individualphase als Anlass zu einem Kurzvortrag über den Wert von Fehlern zu nehmen – ggf. ergänzt um Wortmeldungen aus dem Plenum. Es ist aber auch denkbar, Studierende in eine *Peer*-Diskussion zu schicken, damit diese aus dem Munde ihrer Kommilitonen über den Wert von Fehlern erfahren. In jedem Fall ist die Fragestellung auch ein Instrument, um eine fehlertolerante Atmosphäre in der Lehrveranstaltung zu fördern.

Aufmerksamkeit lenken und Bewusstsein erhöhen

Diese Entwurfsmuster lenken die Aufmerksamkeit auf Konzepte, Zusammenhänge, wichtige Ideen oder kritische Aspekte, zeigen Konflikte auf und schaffen so Bewusstsein für die Relevanz der Konzepte, Zusammenhänge usw.

Unwesentliches entfernen

Unwesentliches zu entfernen hilft, die Aufmerksamkeit auf das Wesentliche zu lenken. „Unwesentlich" bezieht sich dabei darauf, was nicht wesentlich für das Lehrziel ist. Dies schließt nicht aus, dass das Entfernte in einer anderen Situation durchaus wesentlich ist.

Ein Beispiel für diese Taktik bietet P8. Diese Frage könnte ebenso nach dem geeigneten Integrationsverfahren in einem konkreten Fall fragen, beispielsweise für das Integral $\int \sin(x) \cos(x) \, dx$. Besteht das Ziel der Fragestellung jedoch darin, dass Studierende erkennen, dass bestimmte Integrationsverfahren bestimmte Formen des Integranden voraussetzen (oder auch, dass nicht nur die partielle Integration ein Produkt bei der Integrandenfunktion voraussetzt), dann ist der konkrete Integrand ein unwesentliches Detail, das mit Hilfe einer abstrakteren Beschreibung des Integranden entfernt werden kann. Dies hilft das Prinzip zu erkennen.

Vergleichen und kontrastieren

Dieses Entwurfsmuster kontrastiert verschiedene Situationen (Objekte, Prozesse, Bedingungen etc.) oder lässt die Studierenden diese miteinander vergleichen, klassifizieren oder ordnen. Alternativ wird eine einzelne Situation beschrieben und gefragt, was passiert, wenn sich ein Aspekt ändert. Dadurch kann die Aufmerksamkeit auf Essentielles geführt werden.

In P17 sind zwei Situationen hinsichtlich ihrer Wahrscheinlichkeit zu vergleichen. P11 kontrastiert die Qualität von Variablen (frei vs. gebunden) im Kontext zweier Ableitungen desselben bestimmten Integrals. Vergleichen und Kontrastieren kann sich auch über eine Sequenz aus mehreren Aufgaben erstrecken, so wie das in P12 bis P15 der Fall ist. Hier werden zum einen die Erkennbarkeit und Entscheidbarkeit formaler Sprachen kontrastiert und zum anderen definierende Kriterien mit charakteristischen Fehlvorstellungen.[3]

Kontext erweitern

Dieses Entwurfsmuster erweitert den zunächst begrenzten Kontext, in dem Studierende Konzepte anfangs kennenlernen. Es soll dazu beitragen, das Konzeptverständnis von Studierenden durch Dekontextualiserung zu vertiefen. Die Erweiterung des Kontexts kann

---

[3]Die von P12 adressierte Fehlvorstellung besteht darin, dass gerne übersehen wird, dass *nur* Worte aus L (aber all diese) akzeptiert werden. Die von P14 adressierte Fehlvorstellung besteht darin, dass die Existenz einer erkennenden Turingmaschine nicht ausschließt, dass es auch eine Turingmaschine geben kann, die die Sprache entscheidet.

geschehen, indem vertraute Fragen zu einer (im Kontext der Veranstaltung) unvertrauten Situation gestellt werden.

Beispiel P28 nutzt dieses Entwurfsmuster, indem fundamentale Mengen beim Funktionenbegriff in Beziehung zum Programmieren gesetzt werden. Dies setzt in diesem Fall natürlich voraus, dass Studierende mit Programmierkonzepten vertraut sind, z. B. aus anderen Veranstaltungen. Gleichzeitig erlaubt diese Fragestellung Studierenden die Notwendigkeit des Konzeptes Wertemenge zu greifen. Für viele Studierende erscheint das Konzept Wertemenge im Vergleich zur Bildmenge unnötig und geradezu willkürlich, weil Elemente der Wertemenge, auf die nicht abgebildet wird, in keinem für sie ersichtlichen Zusammenhang mit der Funktion stehen. Frage P28 erlaubt die Konsequenzen zu diskutieren, die ein Verwenden der Bildmenge anstelle der Wertemenge in der Programmierung hätte, um die Sinnhaftigkeit des Konzeptes Wertemenge zu begreifen.

Ups – nochmal zurück

Dieses Entwurfsmuster nutzt Fragenpaare. Die erste Frage dient als „Falle", indem sie Studierende einen verbreiteten Fehler machen oder einen wichtigen Aspekt übersehen lässt. Der Dozent geht dann ohne *Peer*–Phase zur zweiten Frage über, die Studierenden ihren Fehler bei der ersten Frage bewusst macht. Diese Taktik, Studierende ihre Fehler selbst bemerken zu lassen, ist weitaus effektiver als diese mit Worten zu warnen, dass hier eine Quelle für einen typischen Fehler vorliegt.

Das Paar P14, P15 nutzt dieses Entwurfsmuster. Erfahrungsgemäß antworten Studierende bei P14 mehrheitlich mit (B). Sie drücken also aus, dass die Sprache erkennbar, aber nicht entscheidbar ist. Sie lassen sich von der im Aufgabenstamm paraphrasierten Definition von Erkennbarkeit dazu verleiten, und übersehen, dass Nicht-Entscheidbarkeit erfordert, dass es keine einzige Turingmaschine gibt, die die Sprache entscheidet. Die zweite Frage im Fragenpaar macht diese Situation genau zum Gegenstand und hilft Studierenden zu erkennen, dass und weshalb die Mehrheitsantwort (B) in P14 falsch ist. In P15 wurde das Layout der Frage sogar bewusst so gestaltet, dass der Unterschied zu der in P14 erörterten Situation im Textbild sichtbar ist.

Wie beschrieben ist bei „Ups – nochmal zurück"–Fragenpaaren ein Abweichen von dem in Kap. 2 beschriebenen kanonischen Ablauf von *Peer Instruction* durchaus sinnvoll. Ziel des ersten Fragenteils ist hier nicht einen Dissens sichtbar zu machen. In der Tat ist es hier sogar vorteilhaft, wenn in der Antwortverteilung nach der ersten Antwortrunde eine Option dominiert, die Studierenden mit deutlicher Mehrheit „in die Falle tappen" und genau die Falschantwort wählen, auf deren Inkorrektheit die zweite Frage hinweisen soll. Die *Peer*–Phase kann dann bei der ersten Frage übersprungen werden. Leiten Sie einfach passend zur nächsten Aufgabe über, z. B. mit Worten der Art

„Ich sehe, wir haben eine deutliche Mehrheit für Option (X). Lassen Sie uns jetzt eine leicht veränderte Situation anschauen."

Bei der zweiten Frage werden dann hoffentlich in der *Peer*–Phase, vielleicht auch schon in der Individualphase einige Studierende etwas in der Art „Ups – können wir nochmal zur vorherigen Aufgabe zurück gehen?" sagen. Greifen Sie das in der Expertenphase auf und gehen Sie dann zur ersten Frage zurück. Sie können dabei über die erste Frage erneut abstimmen lassen, wenn Ihnen das passend erscheint.

Kognitive Prozesse anregen

Mit diesen Entwurfsmustern ermöglichen Sie, wichtige kognitive Fähigkeiten zu erlernen und einzuüben, oder zeigen, wann und wo solche Fähigkeiten notwendig sind.

Repräsentationen interpretieren

Manche Studierende assoziieren mit Mathematik alleine die Verwendung von „Formeln", d. h. analytischen Ausdrücken. *Peer–Instruction*–Aufgaben, die Studierende auffordern, andere Repräsentationen mathematischer Objekte oder Verfahren zu interpretieren, können ihnen helfen, solche Sichtweisen zu erweitern und repräsentationale Vielfalt schätzen zu lernen.

Die Fragestellung P29 verwendet Graphen zur Repräsentation von Lösungen von Differentialgleichungen. P19 setzt die Verkettung von Funktionen ebenfalls in einen graphischen Kontext. P25 verwendet natürliche Sprache, um die logischen Operatoren Subjunktion und Bijunktion zu repräsentieren, und weist gleichzeitig auf die unterschiedlichen logischen Bedeutungen der grammatikalischen Konjunktion „wenn" in der Alltagssprache hin.

Vergleichen und kontrastieren sowie Kontext erweitern

Die beiden Entwurfsmuster *Vergleichen und kontrastieren* und *Kontext erweitern* können ebenfalls in die Kategorie *Aufmerksamkeit lenken und Bewusstsein erhöhen* eingeordnet werden und wurden dort schon erläutert.

Auf Strategie fokussieren

Dieses Entwurfsmuster richtet das Augenmerk auf strukturiertes, planerisches Vorgehen. Es kann durch Aufgaben realisiert werden, die nicht nach der Lösung einer Aufgabenstellung, sondern nach dem geeigneten Weg fragen. P7 und P34 verwenden dieses Entwurfsmuster.

Belanglose Information einfügen

Dieses Entwurfsmuster ist in der Zielsetzung eng mit dem vorausgehenden verwandt. Das Einfügen von belangloser Information in die Fragestellung erfordert von Studierenden zu analysieren, welche Information für die Wahl einer Lösungsstrategie relevant ist.

Mathematikaufgaben sind häufig so formuliert, dass genau die zur Lösung benötigte Information enthalten ist. Für das erste Einüben eines Konzeptes oder Verfahrens ist dies durchaus angebracht, eben weil dies Lernende von der zusätzlichen kognitiven Aufgabe befreit, die Relevanz der in der Aufgabenstellung genannten Information zu bestimmen bzw. ihr Vorgehen zu planen. Die Aufgaben der Praxis sind jedoch nicht von dieser Art. Daher ist es lohnend, dieses Entwurfsmuster zum Erreichen des damit verbundenen Ziels in der Lehre einzusetzen, um zu vermeiden, dass Studierende die Vorstellung entwickeln, dass Problemstellungen genau die benötigte Information beinhalten, aber nichts zusätzlich (oder weniger).

Fragestellung P17 nutzt dieses Entwurfsmuster mit der Schilderung der Interessen von Linda. In P35 wird mit der Angabe der Anzahl der Zettel belanglose Information gegeben.

Notwendige Information weglassen

Dieses Entwurfsmuster verfolgt die gerade diskutierten Ziele durch das „umgekehrte Vorgehen" relevante Informationen wegzulassen. Entsprechende Aufgaben sind ebenfalls nahe an der Praxis, denn häufig ist relevante Information nicht explizit genannt oder ergibt sich implizit aus dem Kontext.

Fragestellung P18 verwendet dieses Entwurfsmuster, weil wichtige Information bzgl. Definitions- und Wertemenge der Funktion f nicht gegeben ist. Auch P21 bedient sich dieses Entwurfsmusters, denn die durchaus wesentliche Information $x \in \mathbb{R}$ (im Gegensatz etwa zu z. B. $x \in \mathbb{N}$) ist im Zusammenhang mit $\sqrt{x^2}$ nicht genannt.

Dieses Entwurfsmuster weist auf eine nützliche Eigenschaft von *Peer–Instruction–* Fragen hin: Sie sind recht robust gegen Pannen in der Fragestellung – etwa wenn bei deren Formulierung unbeabsichtigt notwendige Information nicht genannt wird. Diese Eigenschaft wird in Abschn. 6.10 eingehender erläutert.

Sagredo wundert sich: „Dieses Entwurfsmuster generiert doch gewissermaßen schlecht gestellte Fragen. Ich achte immer sehr darauf dies zu vermeiden, wenn ich Prüfungsaufgaben formuliere. Sonst wird es schwierig die studentischen Antworten zu bewerten." Nun, offenbar geht es hier um unterschiedliche Ziele. Sagredo nutzt seine Expertise gut gestellte Fragen zu erkennen und zu formulieren, um Prüfungen leichter oder angemessener bewerten zu können. Bei dem hier vorgestellten Entwurfsmuster geht es darum, dass Studierenden diese Ausprägung von Expertise entwickeln, u. a. weil Probleme der Praxis dies erfordern (nicht nur beim Erstellen von Prüfungsaufgaben).

Ein weiterer wesentlicher Punkt hier ist, dass *Peer Instruction* nicht den Zweck hat Studierende zu bewerten. *Peer Instruction* dient nicht summativem Assessment, sondern formativem Assessment. Dieser Zweck steht im Mittelpunkt der dritten Kategorie von Entwurfsmustern von Beatty et al. (2006) und wird nachfolgend behandelt werden.

Antwortdaten formativ nutzen

Formative Assessments sind „Prüfungen", die Lernen und dessen Förderung zum Gegenstand haben, aber nicht das Bewerten der Studierenden. *Peer Instruction* ist ein Paradebeispiel für formatives Assessment, z. B. wenn in der Expertenphase zuvor häufig gewählte

Falschantworten thematisiert werden und so die tatsächlich gegebenen Antworten den unmittelbar folgenden Verlauf der Lehrveranstaltung beeinflussen.

Distraktoren legen Schwierigkeiten offen

Dies ist ein geradezu klassisches Entwurfsmuster für *Peer Instruction,* das wesentlich auf das didaktische Grundmuster *Elicit–Confront–Resolve* aufbaut (vgl. Kap. 5). Dabei kodieren einzelne Distraktoren aktuelle Schwierigkeiten der Studierenden, typische Fehlkonzepte oder problematische Vorstellungen. In der Individualphase wird deren Vorhandensein unter den Studierenden offengelegt, indem Studierende die entsprechenden Distraktoren wählen. Die beiden folgenden *Peer–Instruction–*Phasen und darunter besonders die *Peer–*Phase helfen Studierenden die damit verbundenen Schwierigkeiten zu überwinden.

Beispiel P21 basiert auf diesem Entwurfsmuster. Hier kodiert $\sqrt{x^2} = x$ die Fehlvorstellung, dass die Wurzel das Quadrat beseitigt. $\sqrt{x^2} = \pm x$ kodiert die Fehlvorstellung, dass die Wurzel beide Lösungen der quadratischen Gleichung $x^2 = a$ berechnet.

Die Fragestellung P20 legt offen, ob Studierende die Bedeutung der Ableitung als Änderungsrate in konkreten Situationen erfassen können.

Auch die Beispiele P4, P17, P23, P24, P27, P40 nutzen das Entwurfsmuster *Distraktoren legen Schwierigkeiten offen,* indem sie bekannte Fehlkonzepte in den Distraktoren kodieren.

Das Nutzen dieses Entwurfsmuster setzt die Kenntnis relevanter Fehlkonzepte voraus. Wie Sie als Lehrender zu dieser benötigten Kenntnis gelangen können, wird in Abschn. 6.9 thematisiert werden. Aber auch das folgende Entwurfsmuster ermöglicht dies.

Antwortoption „keines davon" nutzen

Formulierungen für eine Antwortoption wie „keines davon" oder „Es fehlt Information, um die Frage beantworten zu können" ermöglichen, auf studentische Antworten bzw. Gedankengänge zu stoßen, mit denen man im Vorfeld nicht gerechnet hat. Wenn Sie nicht bereits in der *Peer–*Phase entsprechende Äußerungen wahrgenommen haben, können Sie zu Beginn oder während der Expertenphase direkt danach fragen. Dazu eignen sich einladende Formulierungen wie

> „Einige von Ihnen haben ‚keines davon' geantwortet. Mich interessiert nun natürlich, was für Sie konkret die Antwort ist und welche Gedanken Sie dazu gebracht haben."

> „Einige von Ihnen haben geantwortet, dass Information fehlt. Lassen Sie mich wissen, welche das ist, damit ich sie Ihnen geben kann."

So können Sie unter Umständen auf Fehlkonzepte aufmerksam gemacht werden und dadurch Fehlkonzepte diagnostizieren. U. a. die Beispiele P3, P5, P11, P12–P15 verwenden entsprechende Antwortoptionen.

Solche Antwortoptionen sollten allerdings häufig genug die „korrekte" Antwort darstellen, so dass Studierende sie auch ernst nehmen, insbesondere wenn Sie die Option „Es fehlt Information" auch für das Entwurfsmuster *notwendige Information weglassen* verwenden. P12 ist hierfür ein Beispiel.

An Stelle von „keines davon" können kontextabhängig andere Formulierungen sinnvoll sein. Die Fragestellung P5 unterscheidet sich von P4 nur durch Hinzufügen der Antwortoption „keines davon" in der besonderen Form „Eine andere Formulierung". Diese Option ermöglicht u. a. solchen Studierenden zu antworten, die zwar die falschen Antwortoptionen (A) und (C) ausschließen können, aber die Quantifizierung „manche" nicht als synonym zu „mindestens einer" verstehen.

Eine besondere Form von „keines davon" ist die Antwortoption „weiß nicht". Diese sollte in Maßen eingesetzt werden. Andernfalls kann sie von Studierenden als Freibrief verstanden werden, nicht denken zu müssen oder aus Bequemlichkeit diese Antwortoption zu wählen. Andererseits ist die Option dann angebracht, wenn Sie ein Interesse haben zu erfahren, wie viele Studierende wirklich keinen Schimmer haben. Ohne die Option „weiß nicht" bliebe solchen Studierenden nur übrig nicht zu antworten oder zu raten. In beiden Fällen kann so für die Lehre wichtige Information verloren gehen.

Artikulation, Konflikt und produktive Diskussion fördern

Die Diskussion unter Studierenden und die gleichzeitige Möglichkeit für Lehrende das Denken ihrer Studierenden wahrzunehmen sind ein wesentliches Element von *Peer Instruction*. Die folgenden Entwurfsmuster fördern diese Aspekte.

Qualitative Fragen
Die Bedeutung dieses Entwurfsmusters und der Kontrast zu quantitativen Fragen wurde bereits in Abschn. 6.3 eingehend erläutert.

In der Kombinatorik sind Aufgaben üblicherweise quantitativ, weil nach einer konkreten Anzahl von Möglichkeiten gefragt wird. Die Fragestellung P35 vermeidet diesen quantitativen Charakter bewusst. Statt nach einer konkreten Anzahl zu fragen, soll die Anzahl der Möglichkeiten in zwei kombinatorischen Szenarien verglichen werden. In P35 ist es dafür nicht notwendig die konkreten Anzahlen zu berechnen.

Analyse- und Argumentationsfragen
Solche Fragestellungen fördern studentische Diskussion, indem sie diese in eine in der Aufgabenstellung enthaltene Diskussion oder Argumentation einbinden. Im Beispiel P3 geschieht dies direkt durch die Mikrodiskussion in der Aufgabenstellung. Bei den Fragen P36 und P37 setzen sich Studierende mit der Argumentation einer einzelnen Person auseinander und analysieren diese hinsichtlich Fehler. Gute Quellen für solche fehlerbehaftete Artefakte sind studentische Bearbeitungen im Rahmen von *Just in Time Teaching* oder von Klausur- und Übungsaufgaben (vgl. Abschn. 10.1).

Mehrere vertretbare Antwortmöglichkeiten verwenden
Fragestellungen, die absichtlich mehrdeutig sind, helfen Studierenden zu erkennen, dass häufig mehrere sinnvolle Interpretationen vertreten werden können.

In Beispiel P1 ist die Interpretation von „heute" kritisch für die Antwortfindung. Wird „heute" als Konstante betrachtet, ist „Heute ist Montag" als Aussage zu modellieren. Wird dagegen „heute" als Variable betrachtet, die an unterschiedlichen Tagen andere Werte annimmt, dann ist der Satz als Aussageform zu modellieren.

P3 ist gewissermaßen eine mildere Variante von P1. Dort werden vertretbare Sichtweisen in Form einer Mikrodiskussion genannt und Studierende sollen sich bzgl. dieser Sichtweisen positionieren.

Nicht genannte Annahmen einfordern

Das bereits diskutierte Entwurfsmuster *notwendige Information weglassen* hat die Entwicklung kognitiver Prozesse zum Ziel. Das Weglassen notwendiger Information kann zusätzlich für das Ziel genutzt werden, Artikulation und produktive Diskussionen zu fördern, indem nicht genannte Annahmen eingefordert werden. *Peer-* und Expertenphase bieten die Gelegenheit zu analysieren, dass eine Aufgabe nach diesem Entwurfsmuster unterspezifiziert ist und welche Annahmen getroffen werden müssen. Dies kann implizit geschehen wie z. B. in P21 oder explizit wie durch Antwortoption (E) in P18.

Ungerechtfertigte Annahmen transparent machen

Falsche studentische Antworten lassen sich manchmal damit erklären, dass Studierende ungerechtfertigte Annahmen treffen. Dies kann auch bei Fehlkonzepten der Fall sein, die manchmal in Spezialfällen durchaus gültig sind, aber nicht allgemein anwendbar sind. Die Antwortoption $\sqrt{x^2} = x$ in P21 ist bspw. in $\mathbb{R}_0^+$ korrekt. *Peer Instruction* kann helfen, solche ungerechtfertigten Annahmen wie $x \in \mathbb{R}_0^+$ in *Peer-* und Expertenphase sichtbar zu machen.

Absichtliche Mehrdeutigkeit

Das Einbauen von Mehrdeutigkeit in die Aufgabenstellung schafft automatisch Konflikt und damit Anlass für Diskussion, denn unterschiedliche Studierende werden den mehrdeutigen Aspekt unterschiedlich interpretieren. In Fragestellung P1 besteht die Mehrdeutigkeit darin, die Zeitangabe „heute" als Konstante oder Variable zu modellieren. Generell eignen sich Modellierungsaufgaben gut für die Implementierung dieses Entwurfsmusters.

Diese Art von Aufgaben kann Studierende auch dabei unterstützen ihr Weltbild weg von einer Sichtweise, dass jede Frage eine eindeutige Antwort hat, hin zu flexibleren Sichtweisen zu entwickeln. Diese Entwicklung ist typisch und notwendig für die Entwicklung Studierender hin zu Experten (Perry 1999).

Fehlkonzepte einbauen

Dieses Entwurfsmuster ist geradezu der Klassiker. Die Bedeutung von Fehlkonzepten für *Peer Instruction* und die Lehre im Allgemeinen wurde bereits in Abschn. 5.3 diskutiert. In der Galerie bedienen sich u. a. die Fragestellungen P4, P12, P17, P21, P23, P24 und P35 dieses Entwurfsmusters. Es ist naturgemäß eng mit dem Entwurfsmuster *Distraktoren legen*

Schwierigkeiten offen verknüpft, da Schwierigkeiten sich oft in Form von Fehlkonzepten manifestieren.

P4 thematisiert die Negation von Quantoren, die erfahrungsgemäß nicht nur Studieren-den schwer fällt. P12 behandelt typische falsche Vorstellungen bzgl. Entscheidbarkeit. P17 spricht ein aus der Literatur bekanntes Fehlkonzept beim Argumentieren unter Unsicher-heit an (Tversky und Kahneman 1983). Die mit der Wurzel verbundenen Fehlvorstellun-gen, die die Distraktoren von P21 beinhalten, wurden bereits mehrfach angesprochen. Das Fehlkonzept, das P23 und P24 thematisieren, übergeneralisiert Ableiten als „Vorziehen des Exponenten als Faktor und Verringern des Exponenten um 1". P35 adressiert die oft feh-lende Unterscheidung zwischen zwei Arten von „Reihenfolgen": Ziehen mit Beachten der Reihenfolge und Sortieren der gezogenen Objekte.

6.5   Bewährte Entwurfsmuster in der Mathematik

Die in Abschn. 6.4 vorgestellten Entwurfsmuster sind lehrzielorientiert. In diesem Abschnitt werden Sie Entwurfsmuster kennenlernen, die aus einer fachlichen Perspektive entstanden sind: Entwurfsmuster für *Peer–Instruction*–Fragen, um Studierenden zu helfen typische kritische Schwierigkeiten in der Mathematik zu überwinden oder um sie typische mathe-matische Denkmuster praktizieren zu lassen.

Inverse Fragestellungen
Dieses Entwurfsmuster dreht übliche Aufgabenstellungen um und fordert Eigenschaften die-ser Aufgabenstellungen aus Eigenschaften der Lösung abzuleiten. Dinge „rückwärts denken" zu können gilt als wesentlicher Entwicklungsschritt beim Verinnerlichen mathematischer Konzepte (Arnon et al. 2013).

Bei der Fragestellung P33 soll von der Lösung eines linearen Gleichungssystems auf des-sen Eigenschaften zurückgeschlossen werden. Sie überprüft, ob Studierende die Lösungs-struktur linearer Gleichungssysteme verinnerlicht haben.

Frage P30 dreht eine elementare kombinatorische Aufgabenstellung um. Diese Fragestel-lung diagnostiziert nicht wie P34 nur, ob Studierende elementare kombinatorische Zusam-menhänge erkennen können (also letztendlich die passende Formel identifizieren können), sondern auch, ob sie diesen Modellierungsprozess umkehren können (also Teilangaben zu einem gegebenen Ergebnis nennen können).

Fragen zu Definitionen
Mit diesem Entwurfsmuster entstehen Aufgaben, bei denen zu überprüfen ist, ob ein Objekt alle definierenden Eigenschaften eines bestimmten Konzepts hat. Das Anwenden von Defi-nitionen und auch das Konzept der Definition selbst ist für viele Studierende erstaunlich problembehaftet (Riegler 2017). Häufig äußert sich dies darin, dass Studierende statt der Definition eines Begriffs ihre davon abweichenden Vorstellungen anwenden, die oft als Konzeptbilder *(concept images)* (Vinner 2002) bezeichnet werden.

Fragestellung P40 ist mittels dieses Entwurfsmuster im Kontext der Eigenschaften von Relationen entstanden. Ein typisches fehlerhaftes Konzeptbild, das hier in Konflikt mit der Definition der Transitivität gebracht werden soll, besteht darin, dass im Konzeptbild der Studierenden der All-Quantor in der Definition durch einen Existenz-Quantor ersetzt ist. Für solche Studierenden ist eine Relation R über A transitiv, wenn

$$\exists a, b, c \in A : (a, b) \in R \wedge (b, c) \in R \rightarrow (a, c) \in R.$$

Solche Studierende bezeichnen die in P40 dargestellte Relation als transitiv. Andere Studierende verstehen Transitivität abweichend von der Definition quasi als Eigenschaft eines Tripels von Relationselementen. Die dargestellte Relation hat dann „transitive Tripel", z. B. $(1, 2)$, $(2, 1)$, $(1, 1)$, aber nicht alle Tripel von Relationselementen sind „transitiv". Sie bezeichnen die Relation dann als teilweise transitiv.

Fragenbeispiel P41 geht einen Schritt weiter und konfrontiert Studierende mit einem für sie bisher unbekannten, weil willkürlich erfundenen Konzept. Studierende haben in diesem Fall keine Möglichkeit auf ihr Konzeptbild zurückzugreifen. Dies kann Studierenden helfen, den Charakter von Definitionen besser zu erkennen.

Dieses Entwurfsmuster ist ein Spezialfall des Entwurfsmusters *Fehlkonzepte einbauen* von Beatty et al. (2006). Hier werden Fehlkonzepte ganz spezifisch durch Anwenden der Definition adressiert.

Klassifizieren und Abgrenzen

Dieses Entwurfsmuster fordert Studierende auf, eine Situation konzeptuell zu klassifizieren. Viele mathematische Konzepte liegen nahe beieinander, sind aber unterscheidungswürdig und unterscheidbar. Studierenden fällt es oft schwer solche Konzepte auseinanderzuhalten. Beispiele sind die Begriffspaare Aussage/Aussageform und freie/gebundene Variablen, die Element- und Teilmengenrelation oder das Konzepttripel Variable/Parameter/Unbekannte.

Fragestellung P2 bedient sich dieses Entwurfsmusters. Sie thematisiert direkt die Klassifizierung in Aussage/Aussageform und spricht indirekt den Unterschied zwischen freien und gebundenen Variablen an. In P11 ist der Unterschied zwischen diesen Ausprägungen von Variablen direkt Gegenstand der Fragestellung. P43 thematisiert eine Schwierigkeit im Zusammenhang mit Definitionen und Theoremen: Vielen Studierenden ist der Unterschied zwischen Definition und Satz und die Bedeutung dieser beiden Konzepte nicht klar.

Klassifizieren und Abgrenzen ist naturgemäß mit den Entwurfsmustern *Fragen zu Definitionen* und *Vergleichen und kontrastieren* verwandt. Der nuancierte Unterschied zu *Fragen zu Definitionen* besteht darin, dass es hier nicht darum geht, ob etwas alle definierenden Eigenschaften einer Kategorie hat, sondern ob es eher der einen oder anderen Kategorie zuzuordnen ist. Interessanterweise liegen solche Fragestellungen näher an der ursprünglichen Bedeutung von Definieren, nämlich Abgrenzen. Der nuancierte Unterschied zu *Vergleichen und kontrastieren* kann darin gesehen werden, dass dort Situationen verglichen werden, während hier eine Situation einem Konzept zugeordnet werden soll.

Fehler finden

Studierende sollen nicht nur Berechnungen durchführen und Argumentationsketten aufstellen können, sondern auch Fehler in Berechnungen bzw. Argumentationen finden. Bei den Fragestellungen P36 und P37 wird dazu eine Berechnung bzw. ein Beweisversuch in Abschnitte zerteilt. Diese Abschnitte werden als Auswahlmöglichkeiten gegeben, mit dem Auftrag zu identifizieren, in welchem Abschnitt ein Fehler gemacht wurde.

Natürlich sollte es sich bei den zu identifizierenden Fehlern um typische Fehler handeln. In P36 sind dies bspw. die vermeintliche Linearität der Quadratfunktion in Auswahlmöglichkeit (D) und die Umformung von Ausdrücken der Art $h^2 = a^2$ in $h = a$ in (C). In gewissem Sinne ist das Entwurfsmuster *Fehler finden* eine besondere Ausprägung von *Fehlkonzepte einbauen* von Beatty et al. (2006) aus Abschn. 6.4.

Das Entwurfsmuster *Fehler finden* lässt sich leicht umsetzen, weil die Inhalte von Studierenden geliefert werden können. Eine mögliche Quelle sind studentische Lösungsversuche von Klausur- oder Übungsaufgaben. Eine weitere ergiebige Quelle sind studentische Äußerungen im Rahmen von *Just in Time Teaching* (s. Abschn. 10.1). Beide Fragen, P36 und P37, basieren auf solchen studentischen Äußerungen und sind deshalb in der Fragestellung auch als (anonymisiertes) Zitat gekennzeichnet. Lehrende können so ihren Studierenden vermitteln, dass die *Peer–Instruction*–Fragen nicht willkürlich sind, sondern ganz nahe an deren Problemen arbeiten.

Grenzfälle betrachten

Grenzfälle betrachten gehört zu den Standarddenkmustern in der Mathematik und eignet sich ebenfalls als Entwurfsmuster für *Peer–Instruction*–Fragen.

Die Fragestellung P6 untersucht die Bedeutung des All-Quantors in einem Grenzfall. Im Kontext „Eigenschaften von Relationen" wäre eine Variante von P40, in der die leere Relation Ø auf Transitivität zu untersuchen ist, eine Aufgabenstellung, die einen Grenzfall betrachtet.

Beweise analysieren

Beweise sind ein zentrales Element der Mathematik. Allerdings fällt es Studierenden regelmäßig schwer, diese nachzuvollziehen und dabei deren argumentatorische Kompaktheit oder den Wechsel von Schrift- und Formalsprache zu durchdringen. *Peer Instruction* kann eingesetzt werden, um diese Schwierigkeiten zu überwinden, indem der Fokus der Frage auf eine für Studierende schwierige Stelle im Beweis gerichtet wird.

Frage P38 dient dazu, den Formalisierungsschritt an der in der Fragestellung fokussierten Stelle zu klären. Allgemein fordert dieses Entwurfsmuster Studierende auf zu erklären, was an der fokussierten Stelle passiert.

Argumentationen oder Berechnungen fortführen

Berechnungen können als Argumentationsketten verstanden werden, bei denen Schritt für Schritt formale Umformungen vorgenommen werden. Studierende fällt es mitunter schwer, einzelne Schritte nachzuvollziehen bzw. selbst durchzuführen. Berechnungsschritte bzw. Schritte in einer Argumentationskette durchzuführen hat zudem einen antizipatorischen Aspekt. Der nächste Schritt soll zusammen mit eventuell weiteren dem Ziel näher bringen.

Dieses Entwurfsmuster fragt Studierende mitten in einer Berechnung oder Argumentationskette nach einem geeigneten nächsten Schritt. Bei Fragestellung P48 wird dies im Rahmen der Vereinfachung eines logischen Ausdrucks angewandt. Fragestellung P39 unterbricht eine Beweisführung und fordert Studierende auf, den nächsten Schritt zu dessen Fortsetzung zu gehen.

6.6   Fragenformate

Peer–Instruction–Aufgaben sind in den allermeisten Fällen Auswahlaufgaben. Diese lassen sich in verschiedene Kategorien einteilen, die jeweils Vor- und Nachteile haben bzw. spezielle Möglichkeiten mit sich bringen.

Auswahlaufgaben mit einer korrekten Antwort
Dieses Format, häufig *multiple choice–single response* genannt, hat für *Peer Instruction* vor allem technologische Vorteile: Es kann mit jeglicher Art von Abstimmtechnologie genutzt werden (vgl. Kap. 8).

Dieses Aufgabenformat erfordert allerdings etwas Sorgfalt bei der Formulierung der Antwortalternativen. Diese können ungewollt Abhängigkeiten enthalten, die aus logischen Gründen mehr als eine Antwortalternative korrekt machen. Somit entsteht ein formaler Widerspruch zur definierenden Eigenschaft, dass nur eine Antwortoption korrekt ist.

In P44 sind die Antwortoptionen (A) und (C) nicht unabhängig. Option (C) ist logisch die Konjunktion von (A) mit einer weiteren Teilaussage. Wenn also (C) wahr ist, muss auch (A) wahr sein; bzw. wenn (A) falsch ist, muss auch (C) falsch sein. Solche Überlegungen können Studierende dazu führen, die verbleibende Antwortoption (B) zu wählen. Denn die Randbedingung, dass nur eine Antwort richtig sein kann, lässt sich mit der Abhängigkeit zwischen (A) und (C) logisch nur vereinbaren, wenn beide falsch sind. Dann muss (B) korrekt sein. Diese Überlegungen führen hier zwar zu einer falschen Antwort, sie zeigen aber, dass Studierende in solchen Fällen versucht sein können, Fragen nur aufgrund ihrer Struktur und letztendlich ohne Bezug zum Frageninhalt zu beantworten. Auch in P11 ist die Optionen (C) nicht strikt unabhängig von (A) und (B).

Manchmal kann mehr als eine Antwortoption korrekt sein, wie in P8. Ein übliches Verfahren ist dann die Option „mehr als eines der oben genannten" wie in P9 einzufügen. P10 zeigt mit Optionen (D) und (E) eine weitere Alternative, bei der alle kombinatorisch denkbaren Antwortoptionen genannt werden. Dabei wird die Option mit zwei korrekten Antworten aus (A) bis (C) zu einer Kategorie zusammengefasst. Zu benennen, um welche dieser Optionen es sich konkret handelt, ist dann Aufgabe der Studierenden und geschieht automatisch in der *Peer*-Phase.

Sind Aufgaben vom Typ *multiple choice–single response* das einzig genutzte Fragenformat, birgt dies die Gefahr, Studierende darauf zu konditionieren, dass es zu jeglichen Fragen immer genau eine korrekte Antwort gibt. Dieser Gefahr kann durch die gelegentliche Verwendung von Fragen der folgenden Formatkategorie begegnet werden.

Auswahlaufgaben mit mehreren korrekten Antworten
Dieses Format wird auch als *multiple choice–multiple response* bezeichnet. Die Fragen P7 und P8 sind Beispiele aus dieser Kategorie. Der Einsatz solcher Fragen setzt natürlich voraus, dass die verwendete Abstimmtechnologie Studierenden erlaubt, mehr als eine Antwortoption auszuwählen (s. Kap. 8).

Auswahlaufgaben mit keiner korrekten Antwort
Die bisher diskutierten Fragenformate sind Standard in *Multiple–Choice*-Tests. Anders sieht es mit Auswahlaufgaben aus, bei denen keine der Antwortoptionen eine korrekte Antwort darstellt.

Die Fragen P16 und P22 sind Beispiele aus dieser Kategorie. Bei P16 handelt es sich um ein Vorlesungsexperiment, in dem Studierende in einem gemeinsamen, arbeitsteiligen Experiment Daten sammeln, deren Verteilung dann mit der entsprechenden Binomialverteilung verglichen werden kann. P22 hat eher den Charakter einer Umfrage und daher keine korrekte Antwort. Mehr als eine Umfrage ermöglicht sie jedoch eine sinnvolle *Peer*-Diskussion, die natürlich einer geeigneten Einleitung bedarf, z. B.

„Erläutern Sie einer Person, die anders als Sie geantwortet hat, welche Überlegungen oder Überzeugungen Sie zu Ihrer Antwort geführt haben."

Das Ziel der Frage ist, Studierende auf den Wert von Fehlern hinzuweisen. Sie ist besonders dann angebracht, wenn Sie als lehrende Person bemerken, dass Studierende nicht die Gelegenheit sehen, aus Fehlern zu lernen.

Beide Fragen sind im engeren Sinne keine *Peer–Instruction*-Fragen, ermöglichen aber sinnvolle Aktivitäten bzw. Gespräche mit und unter Studierenden. Da *Peer–Instruction*-Fragen keinen summativen Test darstellen, sondern dem Lernen dienen sollen, entfällt die Anforderung an Aufgaben von *Multiple–Choice*-Tests, korrekte Antworten unter den Auswahloptionen zu haben.

Das Fragenformat kann auch dann sinnvoll sein, wenn es tatsächlich eine korrekte Antwort gibt, diese aber wie z. B. P27 nicht aufgelistet ist. Gelegentlich nicht die korrekte Antwort aufzuführen kann sinnvoll sein, um dem bei Studierenden möglicherweise vorhandenen Eindruck entgegenwirken, dass Wissenschaft immer eindeutige Antworten liefert. Sollten Studierende die für sie richtige Antwort vermissen, werden sie Sie darauf aufmerksam machen. Dieser Gedanke wird in Abschn. 6.10 vertieft werden.

Bereichsauswahl

Aufgaben, bei denen ein Antwortbereich ausgewählt werden soll, sind formal Spezialfälle der bisher diskutierten Kategorien. Die Frage P45 ist ein Beispiel für eine solche Aufgabe. Bei ihr soll nicht ein konkreter Antwortwert ausgewählt werden, sondern ein Bereich, in dem dieser liegt.

Aufgaben mit Bereichsauswahl eignen sich besonders um Fehler in Argumentationen oder Berechnungen suchen zu lassen. Die Fragen P36 und P37 sind Beispiele für solche Aufgaben. Details wurden bereits in der Kategorie *Fehler finden* in Abschn. 6.5 diskutiert.

Antwortauswahl mit Konfidenzangabe

Eine *Peer–Instruction*–Frage, die 90 % richtige Antworten erzielt, ist ein Hinweis darauf, dass Studierende das thematisierte Konzept zum größten Teil verstanden haben. Es könnte jedoch sein, dass die Hälfte die richtige Antwort geraten hat. *Peer Instruction* ist natürlich nicht immun gegen Raten. Gerade die angestrebte Gleichverteilung in der ersten Abstimmung ist diesbezüglich anfällig. Die Gleichverteilung kann ihre Ursache z. B. in falschem Konzeptverständnis der Studierenden haben und damit, wie angestrebt, diese sichtbar machen. Sie kann aber auch – zumindest teilweise – durch Raten zu Stande kommen.

Eine Möglichkeit, die mit Raten verbundene Unsicherheit bei der Interpretation des Abstimmungsergebnisses zu reduzieren, bietet die Antwortoption „weiß nicht" (vgl. Abschn. 6.4). Eine andere Möglichkeit besteht darin, die Studierenden unmittelbar nach der Abstimmung zu fragen, wie sicher sie sich fühlen, dass die von ihnen gerade gegebene Antwort richtig ist, vgl. P46. Dieses Verfahren, das auch bei Prüfungen zur Anwendung kommt (Gardner-Medwin und Curtin 2007), funktioniert bei *Peer Instruction* jedoch nicht sauber, denn es ist nicht klar, wie sich die Konfidenz der Studierenden in ihre Antworten auf die einzelnen Antwortoptionen verteilt.

Einige Abstimmsysteme erlauben, dass Studierende zu jeder gewählten Antwort direkt angeben, wie sicher sie sich bei dieser Antwort sind. Dann lassen sich Antwort- und Konfidenzverteilung in einem Diagramm darstellen. In diesem Fall kann man auf die Verwendung von „weiß nicht" verzichten. Abb. 6.1 zeigt dies exemplarisch. Im dort dargestellten Fall ist es so, dass (B) zwar favorisiert wird, aber von Studierenden, die sich mehrheitlich unsicher bzgl. der Richtigkeit ihrer Antwort sind.

Abb. 6.1 Verteilung studentischer Antworten auf fünf Antwortoptionen, die zusätzlich die Information anzeigt, wie konfident Studierende in ihre Antworten sind

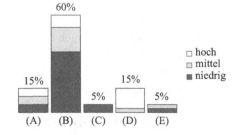

6.7   Anforderungen an Multiple–Choice–Fragen

Da *Peer–Instruction*–Fragen meist *Multiple–Choice*–Fragen sind, ist es sinnvoll sich an den Anforderungen zu orientieren, die auch in anderen Zusammenhängen an diese Fragenart gestellt werden. Die Literatur hierzu ist reichhaltig. Haladyna et al. (2002) bieten einen guten Einstieg und beschreiben Kriterien, die an Formulierung des Inhalts, des Aufgabenstamms und der Antwortoptionen sowie an Formatierung und Stil gestellt werden können. Hier sollen nur einige dieser Kriterien benannt werden, die entweder im Kontext von *Peer Instruction* besonders relevant sind oder beim Formulieren von Aufgaben erfahrungsgemäß eher Schwierigkeiten bereiten.

Die Anforderung, dass Antwortoptionen unabhängig sein sollten, und die andernfalls damit verbundenen Risiken wurden bereits im Abschn. 6.6 diskutiert. Darüber hinaus sollten Antwortoptionen in etwa gleiche Länge und grammatikalische Struktur haben. Richtige Antworten erfordern in ihrer Beschreibung eine gewisse Präzision, die zu eher langen Formulierungen führen kann. Die Formulierungen der Distraktoren sollten dann in Länge und Struktur ähnlich sein. Andernfalls gibt die besondere Formulierung der korrekten Antwort einen Hinweis an Studierende. Dadurch wird das Phänomen der Testschläue gefördert, also dass Studierende anhand oberflächlicher Eigenschaften auf die korrekte Antwort schließen können. Auch die in Abschn. 6.6 diskutierten Abhängigkeiten von Antwortoptionen begünstigen die Wirksamkeit von Testschläue.

Die korrekten Antworten sollten innerhalb der Antwortoptionen eher zufällig positioniert sein. Beim Aufgabenschreiben wird gerne vermieden, die korrekte Antwort zuerst aufzulisten, u. a. damit Studierende alle Optionen lesen. Solche Überlegungen begünstigen jedoch Ungleichverteilungen bei den Positionen der korrekten Antworten. Dies kann wiederum die Wirksamkeit von Testschläue begünstigen.

Bei einzelnen Aufgaben kann die richtige Antwort jedoch nicht immer zufällig platziert werden, da die Antwortoptionen eine natürliche oder logische Anordnung haben. In Fragestellung P2 kann aus solchen Gründen die richtige Antwort (B) z. B. kaum auf die Positionen (C) oder (D) verschoben werden.

In der Literatur wird häufig die Empfehlung ausgesprochen, Distraktoren plausibel und basierend auf typischen Fehlern zu wählen. Im Kontext von *Peer Instruction* ist diese Empfehlung eher als Anforderung zu sehen, gerade wenn die Fragen Studierende dabei unterstützen sollen, solche Fehler in Zukunft nicht mehr zu begehen. Abschn. 6.9 wird diese Anforderung im Detail diskutieren.

Die beschriebenen Anforderungen und Empfehlungen sind eher als Richtlinien zu sehen, die eine Hilfe beim Formulieren und der Revision von Aufgaben darstellen. Abhängig vom Ziel der Aufgabe kann es angebracht sein, von solchen Empfehlungen abzuweichen. Beachten Sie auch, dass die Anforderungen an *Peer–Instruction*–Fragen sich in einigen Aspekten von den Anforderungen an *Multiple–Choice*–Fragen für Prüfungszwecke unterscheiden. So sind z. B. Aufgabenstellungen mit mehr als einer vertretbaren Antwortoption im Format *multiple choice–single response* in Prüfungen heikel. Dagegen können sie im Kontext von *Peer*

Instruction zu fruchtbaren Diskussionen führen. *Peer Instruction* ist formatives Assessment und nicht wie Tests ein summatives Assessment.

Es ist ratsam zu vermeiden, mit einer Fragestellung mehr als zwei Ziele zu verfolgen. Dies kann zu unsauberen Messungen in der Weise führen, dass aus der Antwortverteilung nicht mehr klar wird, worin die Schwierigkeit der Studierenden besteht.

Aufgabe P42 fällt in diese Kategorie. Die häufigsten Gründe, warum Studierende dort die Antwortoption „wahr" wählen, sind einer oder eine Kombination der folgenden (Riegler 2013):

1. Studierende interpretieren den Begriff „Teilmenge" als eine Menge, die Element einer Menge ist.
2. Studierende sehen die leere Menge als „Repräsentation des Nichts", womit diese die Eigenschaft $\{S, \emptyset\} = \{S\}$ für alle Elemente S hat.
3. Studierende differenzieren nicht zwischen Teilmengen- und Elementrelation.

P42 ist gut dafür geeignet zu diagnostizieren, dass mindestens eine dieser problematischen Vorstellungen vorliegt, aber aus der Antwortverteilung wird nicht klar, welche tatsächlich vorliegen.[4]

Letztendlich ist *Peer Instruction* jedoch ein Stück weit immun gegen die Gefahren solcher Mehrfachmessungen. Schließlich erlauben zusätzlich *Peer-* und Expertenphase, Informationen über die Schwierigkeiten der Studierenden zu erlangen. *Peer–Instruction–*Fragen dienen eben nicht nur der Diagnose, sondern auch der Intervention.

Sagredo fällt auf, dass alle Beispiele aus der Fragengalerie in Abschn. 6.2 mehr als zwei Antwortoptionen enthalten, und fragt: „Ist dies eine technische Anforderung? Manchmal ist es ja so, dass eine Frage effektiv nur zwei Antwortmöglichkeiten hat. Im Prinzip Ja oder Nein. Sind solche Fragen für *Peer Instruction* ungeeignet?" Es gibt in der Tat Gründe, Fragen mit binären Antwortmöglichkeiten zu vermeiden.

Zum einen steigt mit einer zunehmenden Anzahl (guter) Distraktoren, die Wahrscheinlichkeit, dass Studierende nicht die korrekte Antwortoption wählen. Dies erhöht die Chance, dass die Antwortverteilung eher gleichverteilt ist. Wie in Kap. 2 erläutert, ist dies eine gute Voraussetzung für eine wirksame *Peer–*Diskussion. Zudem beziehen sich gute *Peer–Instruction–*Fragen auf konkrete Situationen. Diese sind meist komplexer, als dass sich die Antwortoptionen in zwei Kategorien pressen lassen.

---

[4]Bei P42 wäre es angebracht das Entwurfsmuster *Distraktoren legen Schwierigkeiten offen* aus Abschn. 6.4 anzuwenden und die einzelnen falschen Vorstellungen in einzelne Distraktoren zu kodieren. Dazu können z. B. die Antwortoptionen

(A) wahr, weil die leere Menge ein Element einer jeden Menge ist
(B) wahr, weil $\{\emptyset\}$ in $\{\{1, 2\}, \{\emptyset\}\}$ enthalten ist
(C) wahr (aus einem anderen Grund)

usw. verwendet werden.

Zum anderen ist es so, dass es im Denken von Studierenden manchmal eine dritte Möglichkeit gibt, wo formal oder logisch nur zwei möglich sind. Die P40 wird z. B. häufig von Studierenden mit der Option (C) beantwortet, obwohl es eigentlich nur zwei sinnvolle Antwortmöglichkeiten gibt. Eine Relation ist ja entweder transitiv oder sie ist es nicht. Für manche Studierende ist die dargestellte Relation nur „zum Teil" transitiv. Sie wäre „voll transitiv", wenn der Graph eine Kante von Knoten 2 zu sich selbst aufweisen würde. Dieses problematische Denken der Studierenden offen zu legen, z. B. via *Elicit–Confront–Resolve* ist ein lohnendes Ziel für *Peer Instruction*.

6.8 Fragenquellen

Viele Lehrende stellen ihre *Peer–Instruction*–Fragen Kolleginnen und Kollegen zur Verfügung. Zu vielen Fachgebieten existieren bereits umfangreiche Fragensammlungen. Eine Internetsuche mit den Suchbegriffen *Peer Instructionquestion, Clicker question* oder *ConcepTest* zusammen mit der englischen Bezeichnung des Fachgebiets führen oft auf brauchbare Aufgabensammlungen.

Einige gut sortierte Fragensammlungen bieten folgende Webseiten:

- *MathQUEST* (mathquest.carroll.edu/) ist ein Projekt, das nicht nur *Peer–Instruction*–Fragen zur Mathematik sammelt, sondern auch Metadaten (z. B. Antwortstatistiken). Themengebiete sind Analysis, Lineare Algebra und Statistik.
- *Good Questions at Cornell* (pi.math.cornell.edu/~GoodQuestions/) ist eine Aufgabensammlung hauptsächlich zu Differential- und Integralrechnung.
- *Peer Instruction for Computer Science* (http:/www.peerinstruction4cs.org) offeriert Kurspakete mit *Peer–Instruction*–Fragen zu Themen der einführenden Informatik, darunter auch Diskrete Mathematik.
- *Assessment Resource Tools for Improving Statistical Thinking* (ARTIST, apps3.cehd.umn.edu/artist) verweist auf verschiedene Fragensammlungen zu Wahrscheinlichkeitsrechnung und Statistik, von denen viele im *Peer–Instruction*–Format sind.

Vereinzelt gibt es auch begleitend zu Lehrbüchern Sammlungen von *Peer–Instruction*–Fragen, z. B. (Pilzer et al. 2003).

Insbesondere wenn Sie mit *Peer Instruction* beginnen oder auch wenn Sie eine neue Lehrveranstaltung konzipieren, kann es lohnend sein, sich *Peer–Instruction*–Fragen anderer anzusehen. Sie können so u. U. lernen, wie geeignete Aufgaben in Ihrem Fach aussehen. Beachten Sie allerdings, dass Sie die Ziele und auch die Designlogik von *Peer–Instruction*–Fragen anderer Lehrender verstehen müssen, um diese effektiv in der eigenen Lehrveranstaltung einsetzen zu können.

6.9   Identifikation charakteristischer Schwierigkeiten und problematischer Vorstellungen

Peer–Instruction–Fragen adressieren häufig Fehlkonzepte. Das sind weit verbreitete, systematisch falsche oder problematische Vorstellungen, die ganz oder teilweise im Widerspruch zu einem wissenschaftlichen Konzept stehen, vgl. Abschn. 5.3. Die Fragestellung P4 adressiert z. B. das Fehlkonzept, dass „niemand" gleichbedeutend mit „nicht alle" ist.

Fehlkonzepte sind ein guter Ausgangspunkt, um Distraktoren zu formulieren. Distraktoren, die Fehlkonzepte kodieren, machen *Peer–Instruction*–Fragen zu wertvollen Diagnoseinstrumenten. Sie weisen auf ein Denken Studierender hin, das im Konflikt mit dem Denken von Experten steht. Und sie geben einen Ansatzpunkt in der Lehre, um Studierende beim Überwinden solcher Fehlkonzepte und damit bei einer Annäherung ihres Denkens an das von Experten zu unterstützen.

Eine gute Quelle, um über relevante Fehlkonzepte zu erfahren, stellt natürlich die Fachliteratur dar. Eine Suche mit den Schlagworten *misconception, preconception, student understanding of, threshold concept* oder *bottleneck* zusammen mit der Bezeichnung des Konzepts oder Themengebiets führt häufig zu relevanten Publikationen. Einschlägige Monographien im Bereich der Mathematik sind (Arnon et al. 2013; Hart et al. 1981; Ryan und Williams 2007; Spiegel und Selter 2003). Mit Ausnahme von (Arnon et al. 2013) behandeln diese allerdings meist Konzepte, die in Primar- oder Sekundarstufe (erstmals) gelehrt werden. Dennoch können solche Werke helfen, das Phänomen Fehlkonzept zu verstehen und die eigene Sensitivität dafür zu schulen.

Eine unmittelbar zugängliche Quelle sind Klausuren oder andere schriftliche Arbeiten von Studierenden. Die gezielte Suche nach Mustern in falschen Antworten ist ein bewährtes Mittel problematische Vorstellungen zu identifizieren. Machen Sie es sich zur Gewohnheit, beim Bewerten solcher Arbeiten Notizen zu seltsam erscheinenden oder mehrfach auftretenden Falschantworten zu machen, und überlegen Sie sich, welche Ursachen diese haben könnten.

Ein hervorragendes Mittel um Fehlkonzepte für lohnende *Peer–Instruction*–Fragen zu identifizieren ist *Peer Instruction* selbst. *Peer Instruction* ermöglicht Ihnen durch Zuhören in *Peer-* oder Expertenphase zu lernen, wie Studierende denken. Dabei können und werden Sie auf Fehlkonzepte stoßen, nicht nur auf bekannte, sondern auch auf (Ihnen) unbekannte. Sollte das der Fall sein, können Sie entscheiden, ob Sie das eben identifizierte Fehlkonzept so kritisch für den Fortschritt der Lehrveranstaltung halten, dass Sie es unmittelbar thematisieren. Das wiederum können Sie tun, indem Sie spontan eine *Peer–Instruction*–Frage entwerfen.

P27 ist ein Beispiel für eine *Peer–Instruction*–Frage, die während einer Lehrveranstaltung entstanden ist. Thema der Lehrveranstaltung war die Fourier–Analyse. Ich hatte P26 gestellt, um herauszufinden, inwieweit die Studierenden mit der komplexen Konjugation vertraut waren, die im Semester vorher in einer anderen Lehrveranstaltung behandelt worden war.

Während der *Peer*–Phase hatte ich in einer Diskussionsgruppe sinngemäß folgendes gehört: „(A) und (B) können nicht richtig sein, weil das sind ja keine komplex konjugierte Zahlen." Ich habe so wahrgenommen, dass es für einige Studierende offenbar komplex konjugierte und nicht komplex konjugierte Zahlen gibt. Als ob die „komplexe Konjugiertheit" ein Attribut von komplexen Zahlen ist. Als ich bei einer weiteren Gruppen nochmals „(A) und (B) sind keine komplex konjugierte Zahlen" hörte, bin ich zum Dozentenpult gegangen, um mir zu überlegen, warum die Studierenden so denken. Meine Vermutung war, dass Studierende Zahlen mit negativem Imaginärteil das Attribut „komplex konjugiert" zuordnen (und allgemeiner solche mit Minus–Zeichen vor der imaginären Einheit). Um diese Hypothese zu überprüfen, habe ich die Frage P27 entworfen und unmittelbar nach der laufenden Frage gestellt. Diese *Peer–Instruction*–Frage hat nicht nur meine Vermutung bestätigt, sondern auch vielen Studierenden geholfen, ihr Fehlkonzept zu erkennen.

So wie *Peer Instruction* können auch andere Lehrmethoden helfen, studentische Schwierigkeiten im Rahmen einer Lehrveranstaltung zu identifizieren. Das in Kap. 10 beschriebene *Just in Time Teaching* ist ein prominenter Vertreter dieser Kategorie von Lehrmethoden.

Sollte es Ihnen schwer fallen, fachbezogene studentische Schwierigkeiten zu identifizieren, kann Ihnen der kollegiale Beratungsprozess des *Decoding the Disciplines* dabei helfen. *Decoding the Disciplines* (Pace 2017) ist ein prozesshaftes Vorgehen mit dem Ziel studentisches Lernen zu fördern, indem die Kluft zwischen Expertendenken und den Bemühungen Studierender beim Erlernen dieses Denkens verringert wird. Es basiert auf den Grundannahmen, dass der Lernprozess Studierender einerseits durch fachspezifische Hürden, den *Bottlenecks* (s. auch Abschn. 5.3), behindert werden kann und andererseits das Vorgehen, wie Experten solche Hürden meistern, häufig implizites Wissen darstellt. Im Kern geht es darum, Expertise zu entschlüsseln und so der Lehre zugänglicher zu machen.

6.10 Robustheit von Peer–Instruction–Fragen

Zur Wirksamkeit von *Peer Instruction* trägt nicht nur die Qualität der Fragen bei, sondern was Sie daraus machen. Daher kann es *Peer Instruction* vertragen, wenn Fragen nicht perfekt sind. Unbeabsichtigte Designfehler können sich mitunter als hilfreich erweisen.

Stellen Sie sich vor, dass Sie eine *Peer–Instruction*–Frage entwerfen und einsetzen, bei der Sie eine plausible Interpretation übersehen. Während der *Peer*–Diskussion werden Sie darauf aufmerksam und merken, dass die Frage nun einen anderen Charakter hat als geplant. Das bedeutet nicht, dass die Frage und die *Peer Instruction* dadurch wertlos werden. Unbeabsichtigt haben Sie das Entwurfsmuster *absichtliche Mehrdeutigkeit* eingebaut. Nutzen Sie die vermeintlich schiefgegangene *Peer Instruction*, um die mit diesem Entwurfsmuster typischerweise verbundenen Ziele zu verfolgen.

Oder stellen Sie sich vor, dass Sie im Eifer des Gefechts vergessen haben, neben Distraktoren, die verbreitete Fehlkonzepte kodieren, die korrekte Antwortoption zu formulieren. „Schlimmstenfalls" melden sich Studierende bereits in der Individualphase, weil sie keine

Antwortmöglichkeit finden, die sie für richtig halten. Fragen Sie nach, welche Antwortmöglichkeit sie vermissen und aus welchen Gründen. Sie haben die gewünschte Auseinandersetzung mit der Fragestellung erreicht und können direkt in die Expertenphase gehen. Oder Sie bitten die Studierenden vermisste Antwortmöglichkeiten zu formulieren, fügen diese als zusätzliche Antwortoptionen ein und starten die *Peer–Instruction*–Sequenz von vorne.

Peer Instruction ist recht robust gegenüber kleinen Fehlern in der Fragestellung, solange Sie mit *Peer Instruction* wertvolle Lehrziele verfolgen. Die Fragen müssen daher nicht immer perfekt sein. Für die Wirksamkeit von *Peer Instruction* ist es wichtiger, studentische Schwierigkeiten identifizieren und den Studierenden bestmöglich bei der Überwindung dieser Schwierigkeiten helfen zu wollen als einen Perfektionismus bei der Entwicklung von Fragen zu entwickeln.

Literatur

Arnon, I., Cottrill, J., Dubinsky, E., Oktaç, A., Fuentes, S. R., Trigueros, & M. Weller, K. (2013). *APOS theory: A framework for research and curriculum development in mathematics education.* New York: Springer.

Beatty, I. D., Gerace, W. J., Leonard, W. J., & Dufresne, R. J. (2006). Designing effective questions for classroom response system teaching. *American Journal of Physics, 74*(1), 31–39.

Bruff, D. (2009). *Teaching with classroom response systems: Creating active learning environments.* San Francisco: Jossey-Bass.

Duncan, D. (2005). *Clickers in the classroom.* San Francisco: Pearson.

Gardner-Medwin, T., & Curtin, N. (2007). Certainty-based marking (cbm) for reflective learning and proper knowledge assessment. In *Proceedings of the REAP international online conference: Assessment design for learner responsibility*, (S. 29–31). Glasgow: University of Strathclyde.

Haladyna, T. M., Downing, S. M., & Rodriguez, M. C. (2002). A review of multiple-choice item-writing guidelines for classroom assessment. *Applied Measurement in Education, 15*(3), 309–333.

Hart, K. M., Brown, M., Küchemann, D., Kerslake, D., Ruddock, G., & McCartney, M. (1981). *Children's understanding of mathematics: 11–16.* London: Murray.

Kautz, C. (2016). *Wissenskonstruktion: Durch aktivierende Lehre nachhaltiges Verständnis in MINT-Fächern fördern* (Bd. 4). Abteilung für Fachdidaktik der Ingenieurwissenschaften der Technischen Universität Hamburg.

Lee, C. (2012). *Theory of computation peer instruction materials.* http://www.peerinstruction4cs. org/2012/07/19/theory-of-computation-peer-instruction-materials/. Zugegriffen: 20. Mai 2019.

Mazur, E. (1997). *Peer instruction.* Upper Saddle River: Prentice Hall.

Pace, D. (2017). *The decoding the disciplines paradigm: Seven steps to increased student learning.* Bloomington: Indiana University Press.

Perry, W. (1999). *Forms of ethical and intellectual development in the college years: A scheme.* San Francisco: Jossey-Bass.

Pilzer, S. (2001). Peer instruction in physics and mathematics. *Problems, resources, and issues in mathematics undergraduate studies, 11*(2), 185–192.

Pilzer, S., Robinson, M., Lomen, D., Flath, D., Hallet, D. H., Lahme, B., ... Thrash, J. (2003). *ConcepTests to accompany calculus.* Hoboken: Wiley.

Redish, E. F. (2003). *Teaching physics with the physics suite.* Hoboken: Wiley.

Riegler, P. (2013). Students' conceptions of nothingness and their implications for a competency-driven approach to the curriculum. *Teaching Mathematics and its Applications, 32*(2), 76–80.

Riegler, P. (2017). Helping students conceptualize definitions. In K. Mårtensson, R. Anderson, T. Roxå, & L. Tempte (Hrsg.), *Transforming patterns through the scholarscip of teaching and learning,* (S. 221–225). Lund: Universität Lund.

Ryan, J., & Williams, J. (2007). *Children's mathematics 4-15: Learning from errors and misconceptions*. Maidenhead: Open University Press.

Spiegel, H., & Selter, C. (2003). *Kinder & Mathematik*. Seelze-Velber: Kallmeyer.

Sullivan, R. (2009). Principles for constructing good clicker questions: Going beyond rote learning and stimulating active engagement with course content. *Journal of Educational Technology Systems, 37*(3), 335–347.

Terrell, M., Connelly, R., Henderson, D., & Strichartz, R. (2016) *Goodquestions project*. http://pi.math.cornell.edu/~GoodQuestions/. Zugegriffen: 20. Mai 2019.

Tversky, A., & Kahneman, D. (1983). Extensional versus intuitive reasoning: The conjunction fallacy in probability judgment. *Psychological Review, 90*(4), 293.

Vinner, S. (2002). The role of definitions in the teaching and learning of mathematics. In D. Tall (Hrsg.), *Advanced mathematical thinking* (S. 65–81). New York: Kluwer.

Wieman, C. (2017). *Improving how universities teach science: Lessons from the science education initiative*. Cambridge: Harvard University Press.

Studierende von Peer Instruction überzeugen 7

> *If you ask someone else for help on a problem in an exam, you are*
> *cheating, but if you don't ask someone for help on a problem in the*
> *real world, you are a fool.*
>
> Daniel Schwartz

Peer Instruction wird in der Regel von der Mehrzahl der Studierenden sehr gut angenommen. Dies äußert sich in der aktiven Beteiligung der Studierenden, aber auch darin, dass viele Studierende *Peer Instruction* regelmäßig in Evaluationen positiv erwähnen. Dennoch ist es sinnvoll darüber nachzudenken, wie man Studierende für den Einsatz von *Peer Instruction* oder auch anderer Formen nicht-traditioneller Lehre gewinnen kann. Diese geben Studierenden ja mehr unmittelbare Verantwortung für ihr Lernen und bringen sie so in eine Situation, die für sie im besten Fall neu ist, vielleicht aber auch von ihnen abgelehnt wird. Studierende für *Peer Instruction* zu gewinnen ist umso wichtiger für solche Studierende, die vermeintlich schon „wissen, wie Studieren funktioniert", etwa wenn ihre Erfahrungen aus dem bisherigen Studium oder der Schule zur Vorstellung führen, dass der Wert des Lehrveranstaltungsbesuchs vor allem darin besteht zu klären, „was in der Klausur drankommen kann".

7.1 Zu Semesterbeginn

Um Studierende schon in der ersten Lehrveranstaltung von *Peer Instruction* zu überzeugen, haben sich u. a. die folgenden beiden Strategien bewährt:

- Studierende anhand einer Fachfrage den Mehrwert von *Peer Instruction* erleben lassen und anschließend gemeinsam analysieren, was während der *Peer Instruction* für das Lernen der Studierenden Relevantes passiert ist.

- Studierende ihre Gedanken und Erwartungen formulieren lassen und dabei den didaktischen Rahmen der Lehrveranstaltung abstecken.

Zu Semesterbeginn gibt es noch keinen Lehrstoff, auf den *Peer Instruction* angewandt werden kann. Bei der Umsetzung der ersten Strategie muss daher allen Studierenden der Gegenstand der Fachfrage anderweitig bekannt sein, sei es aus dem Alltag, der Schule oder einer vorausgegangenen Lehrveranstaltung. Die Fragestellungen P5 und P21 in Kap. 6 sind Beispiele, die diese Anforderung erfüllen.

Um Studierende den Wert von *Peer Instruction* erleben zu lassen, verfolgt die Aufgabe P21 nicht das Ziel, dass Studierende ihre falschen Vorstellungen bzgl. der Bedeutung der Quadratwurzel aufgeben (wobei dies als Effekt natürlich willkommen ist). Das Ziel ist vielmehr Studierenden zu zeigen, dass falsche Vorstellungen zum einen nicht ungewöhnlich, zum anderen aber kritisch sind. Dazu lenken Lehrende in der Expertenphase das Augenmerk nicht nur auf das Fachliche, sondern auch darauf, was während der *Peer Instruction* passiert ist: Die Individualphase hat gezeigt, dass Studierende verschiedene, nicht miteinander vereinbare Konzeptionen von der Quadratwurzel haben. Mit einiger Wahrscheinlichkeit hat bei dieser Aufgabe auch die *Peer*–Phase zu keinem Konsens geführt – gerade bei Studierenden, die nicht mit *Peer Instruction* vertraut sind.

Nun ist der Boden bereitet, damit Lehrende Aussagen machen können, die über das Fachliche hinausgehen und Lernen oder die Gestaltung des Kurses thematisieren, zum Beispiel:

> „Wie Sie gemerkt haben, gibt es falsche Vorstellungen darüber, was eine Wurzel ist. Das ist ein Stück weit normal, aber natürlich nicht akzeptabel. Für mich ist es daher wichtig herauszufinden, wo Sie falsche Vorstellungen haben, damit ich Ihnen helfen kann, diese zu überwinden."

> „Es ist wichtig, eine gemeinsame Sprache zu sprechen. Es ist wichtig, ein gemeinsames Verständnis der Konzepte zu haben. Wenn das nicht der Fall ist, werden wir — wie Sie gerade bei der Wurzel — ständig aneinander vorbeireden. Damit das nicht passiert, müssen wir miteinander reden und Sie müssen miteinander reden, damit wir ein gemeinsames Verständnis der Fachbegriffe entwickeln. Wir werden dies häufig in der Lehrveranstaltung tun, z. B. auf die Art und Weise, wie sie dies eben erlebt haben."

Die erste Aussage ist zudem ein erster Schritt eine fehlertolerante Atmosphäre zu schaffen (vgl. Kap. 4). Die zweite Aussage weist nebenbei auf soziale Aspekte des Lernens hin. Die vorausgehende *Peer Instruction* ermöglicht eine *Time for Telling*, die hier allerdings weniger für das Fachliche verwendet wird, sondern um die Gründe für den Einsatz von *Peer Instruction* zu erläutern und erlebbar zu machen.

Die Aufgabe P5 aus Kap. 6 eignet sich besonders zu Beginn eines Kurses, dessen Gegenstand Logik ist. Sie ermöglicht zusätzlich eine fachinhaltsbezogene *Time for Telling* in der näheren Zukunft zu schaffen, nämlich dann, wenn die Negation quantifizierter Aussagen in der Lehrveranstaltung behandelt werden wird.

▶F1 Wenn Sie daran denken, was Sie aus Ihrem Studium und diesem Kurs mitnehmen wollen, welcher der folgenden Punkte ist dann für Sie am wichtigsten?

(A) Fachinformationen (Fakten und Konzepte)
(B) Tiefes Verständnis neuer Konzepte, die Sie für Ihr Berufsleben und Privatleben verwenden können
(C) Verbesserung des eigenen kritischen Denkens
(D) Verbesserung der eigenen Fähigkeit zum lebenslangem Lernen

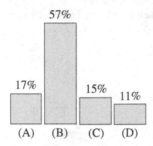

Abb. 7.1 Teil 1 einer Sequenz von *Framing*–Fragen (Smith 2008) und exemplarische Verteilung der Antworten aus einer Veranstaltung mit 55 Teilnehmern

Die zweite Strategie setzt Elemente von *Peer Instruction* ein, damit Studierende ihre Erwartungen an das Fach oder die Lehrveranstaltung formulieren. Lehrende verstärken dabei die studentischen Aussagen, die mit *Peer Instruction* und ihren Zielen konform sind. Ein besonders schönes Beispiel ist die von Smith (2008) entworfene und in Abb. 7.1 und 7.2 gezeigte Sequenz von Fragen, die unter Verzicht auf die *Peer*–Phasen durchgeführt werden kann.

Während bei der ersten Frage F1 die Antwortoption (A) typischerweise nicht mehr als ein Viertel der Stimmen bekommt, wird sie bei F2 üblicherweise favorisiert. Dies ist die Gelegenheit für Lehrende nachzufragen, auf welche Art Studierende diese Antwortoption umsetzen können. Studierende werden u. a. antworten, dass Fachinformationen auch aus Büchern oder dem Internet entnommen werden kann. Bei der Verteilung der Antworten auf die Frage F3 dreht sich das Bild dann um: Nur wenige Studierende wählen dann üblicherweise die Option (A). Nun ist der Boden bereitet, um den Studierenden zu erläutern, dass es in dieser Lehrveranstaltung nicht nur um die Übermittlung von Fachinhalten geht, sondern auch um die anderen als Antwortoptionen genannten Aspekte, und wie *Peer Instruction* dazu beitragen kann, dieses Ziel zu erreichen.

Beide hier diskutierte Strategien erlauben zu Beginn des Semesters den Rahmen der Lehrveranstaltung nicht alleine in fachlicher, sondern auch in didaktischer Hinsicht abzustecken. Weitere solcher *Framing Activities* sind in Chasteen (2017) gesammelt.

►F2 All diese vier Ziele sind wichtig. Denken Sie kurz darüber nach, wie Sie diese Ziele erreichen
   können. Lernen ist (leider) mit Arbeit verbunden — im Hörsaal und außerhalb des Hörsaals.
   Welche dieser Ziele können Sie außerhalb der Lehrveranstaltung leicht erreichen (z. B. durch
   Lesen und Üben)?

   (A) Fachinformationen (Fakten und Konzepte)
   (B) Tiefes Verständnis neuer Konzepte, die Sie für Ihr Berufsleben und Privatleben verwenden
        können
   (C) Verbesserung des eigenen kritischen Denkens
   (D) Verbesserung der eigenen Fähigkeit zum lebenslangem Lernen

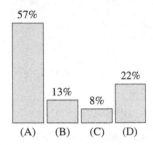

►F3 Zu welchen dieser Ziele kann die Lehrveranstaltung am besten beitragen (wo Sie mit Ihren
   Kommilitonen und mir zusammenarbeiten können)?

   (A) Fachinformationen (Fakten und Konzepte)
   (B) Tiefes Verständnis neuer Konzepte, die Sie für Ihr Berufsleben und Privatleben verwenden
        können
   (C) Verbesserung des eigenen kritischen Denkens
   (D) Verbesserung der eigenen Fähigkeit zum lebenslangem Lernen

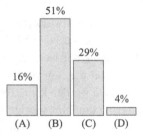

Abb. 7.2 Teile 2 und 3 einer Sequenz von *Framing*–Fragen (Smith 2008) und exemplarische Verteilung der Antworten aus einer Veranstaltung mit 55 Teilnehmern

7.2   Während des Semesters

Der am Anfang des Semesters gezeichnete Rahmen der Lehrveranstaltung sollte im Laufe
des Semesters nachgezeichnet werden, um nicht Gefahr zu laufen zu verblassen. Dies kann
systematisch geschehen, indem speziell zu diesem Zweck entworfene Aktivitäten durchgeführt werden. Beispiele sind in Chasteen (2017) gesammelt und beschrieben.

Darüber hinaus werden sich in einer Lehrveranstaltung aus dem Einsatz von *Peer Instruction* heraus regelmäßig Gelegenheiten ergeben, um den Wert von *Peer Instruction* herauszuarbeiten, fachübergreifende Aspekte des Lernens zu thematisieren oder „auf die Metaebene zu gehen". Hierzu einige Beispiele:

- Wenn es passiert, dass in der Individualphase die korrekte Antwort praktisch nicht gewählt wurde, aber nach der *Peer*–Phase dominiert, ist es wertvoll die Studierenden darauf aufmerksam zu machen. Nun besteht die Gelegenheit zu diskutieren, wie es geschehen konnte, dass sich in der *Peer*–Phase die richtige Antwort durchgesetzt hat, obwohl sie zuvor von fast niemandem gewählt wurde. So können Studierende darauf aufmerksam werden, dass und wie sie aus sich heraus Verständnis generieren können ohne auf die Mithilfe von wissenden Personen angewiesen zu sein (vgl. Abschn. 3.1).

- Sollten – auch nur wenige – Studierende Zweifel an der Sinnhaftigkeit von *Peer Instruction* äußern oder andeuten, etwa weil es doch besser wäre, wenn Lehrende Dinge sofort erklären, statt die Studierenden zuvor „unnütz Fehler machen zu lassen", kann eine Fragestellung wie P22 in Kap. 6 ein *Peer Instruction* unterstützendes Meinungsbild geben. Mit hoher Wahrscheinlichkeit werden die meisten Studierende mit ihrer Antwort ausdrücken, dass Fehler Gelegenheit für Lernen bieten. Skeptischen Studierenden werden so durch ihre Kommilitonen auf diesen Aspekt des Lernens aufmerksam gemacht oder daran erinnert. Zudem bietet die Frage Lehrenden die Gelegenheit nach der Abstimmung studentische Stimmen einzuholen, die die einzelnen Antwortmöglichkeiten begründen. Oft ist es für skeptische Studierende überzeugender von Lehrenden intendierte Aussagen aus dem Mund von Kommilitonen zu hören als von Lehrenden selbst.

7.3 Peer Instruction und Prüfung

Peer Instruction wurde entwickelt, um das Lernen von Fachinhalten zu unterstützen. *Peer Instruction* kann darüber hinaus weitere, außerfachliche Fertigkeiten fördern, allen voran soziale Fähigkeiten wie Argumentieren und Arbeiten in Gruppen.

Sagredo unterstützt dies:

„Ich bin manchmal besorgt, wie schlecht in Abschlussarbeiten argumentiert wird. Das hat sicher auch damit zu tun, dass Studierende während ihres Studiums kaum Gelegenheit haben Argumentieren zu lernen und zu praktizieren. *Peer Instruction* scheint mir da einen wertvollen Beitrag leisten zu können, weil Studierende da regelmäßig argumentieren bzw. sich mit den Argumenten anderer auseinandersetzen müssen. Außerdem kann ich mir vorstellen, dass so ein Bild von Wissenschaft geschwächt wird, das mich unheimlich ärgert. Etliche Studierende und auch die Öffentlichkeit meinen, dass Wissenschaftler weltfremde Einzelgänger sind, die soziale Kontakte scheuen. Dabei ist genau das Gegenteil der Fall: Wissenschaft ist hochgradig kollaborativ. Und selbst viele Cartoons über Mathematik zeigen zwei oder drei Mathematiker, die an der Tafel stehen und diskutieren. Das ist typisch für Wissenschaft und nicht das Rechnen von bereits gelösten Problemen!"

Argumentieren und die Analyse von Argumenten anderer sind sicher lohnende Lehrziele. Wenn uns das wirklich wichtig ist, müssen wir dem in unserer Lehre Raum geben. Wie Sagredo ausgeführt hat, kann *Peer Instruction* das Erreichen dieses Ziels methodisch unterstützen. Lehrziel und Lehrform sind dann zu einem gewissen Grad aufeinander abgestimmt: Die Lehrform dient dem Erreichen des Ziels.

Eine solche Abgestimmtheit oder *Alignment* ist ein Kerngedanke von *Constructive Alignment* (Biggs und Tang 2011): Lehrziele, Lehrmethode und Prüfung müssen aufeinander abstimmt sein. Die Bedeutung dieser Forderung ist besonders gut an Fällen zu erkennen, bei denen eine solche Abgestimmtheit nicht vorliegt: Offensichtlich ist etwas faul, wenn die Ausgestaltung der Lehre nicht auf die Lehrziele eingeht. Das ist etwa der Fall, wenn Lehrziele das Erlernen und Praktizieren von Argumentieren umfassen, aber die Lehrveranstaltung nie Gelegenheit dazu gibt. *Constructive Alignment* liegt offensichtlich auch dann nicht vor, wenn die Prüfung etwas anderes prüft als das Erreichen der Lehrziele bzw. das, vorauf die Lehrveranstaltung ihre Schwerpunkte gesetzt hat. Das Bild von Mathematik als das Lösen bereits gelöster Probleme, das Sagredo beklagt, kann durch Prüfungen genährt werden, die nur das einfordern. Ob es uns gefällt oder nicht, Prüfungen können zu unerwünschten Einstellungen unserem Fach gegenüber führen. Mehr noch: Prüfungen steuern das Lernen der Studierenden! Als Lehrende können wir in Lehrveranstaltungen noch so predigen, was wichtig ist. Für die Studierenden ist es zunächst einmal wichtig die Prüfung zu bestehen. Damit ist für Studierende vor allem (wenn nicht sogar nur) das wichtig, was in der Prüfung dran kommt.

Wenn eine Lehrveranstaltung nun intensiv und fruchtbar *Peer Instruction* nutzt, kann dennoch bei Studierenden der Eindruck entstehen, dass sie eine Mogelpackung ist, falls die Prüfung keinen Bezug zu *Peer Instruction* hat. Mehr noch: Wenn Argumentieren lernen ein Lehrziel ist, dann sollte es im Sinne des *Constructive Alignment* auch Gegenstand der Prüfung sein.

Ein etabliertes Verfahren dieses *Constructive Alignment* zumindest ansatzweise zu erreichen ist das *Two Stage Exam* (Gilley und Clarkston 2014; Rieger und Heiner 2014; Wieman et al. 2014). Dabei wird die schriftliche Prüfung in zwei Teile aufgeteilt. Der erste Teil entspricht einer traditionellen Klausur, d. h. Studierende bearbeiten Prüfungsaufgaben in Einzelarbeit. In einer unmittelbar anschließenden zweiten Phase bearbeiten sie die gleichen, ähnliche oder auf den Klausurteil aufbauende Fragen gemeinsam in kleinen Gruppen. Je nach prüfungsrechtlichen Anforderungen reichen die Studierenden eine gemeinsame Gruppenlösung oder individuelle Lösungen ein. Erfahrungsgemäß differieren individuelle Lösungen in der Gruppe durchaus, insbesondere dann, wenn die Gruppe keine Einigung erzielen konnte.

Die Aufteilung der zeitlichen Anteile der beiden Prüfungsphasen liegt in der Größenordnung 2:1 bis 4:1, d. h. der individuelle Prüfungsteil hat das deutlichere Gewicht. Das relative Gewicht des Gruppenteils an der Gesamtnote ist oft geringer als der zeitliche Anteil.

Neben dem Konflikt zwischen Lehrmethode und Prüfung im Sinne von *Constructive Alignment* beseitigt oder mildert das *Two Stage Exam* andere Nachteile der traditionellen schriftlichen Prüfung. Studierende erhalten unmittelbares Feedback während der Prüfung, besonders dann wenn die Aufgaben des zweiten Teils auf denen des ersten Teils aufbauen. Die Prüfung wird so auch zu einem Ort des Lernens. Der summative Charakter der Prüfung erhält eine formative Komponente. Zudem kann das *Two Stage Exam* Prüfungsangst verringern und die Lernmotivation bei den Studierenden erhöhen (Gilley und Clarkston 2014).

Sagredo ist etwas aufgebracht: „Die didaktischen Erwägungen hin oder her, wir attestieren späteren Arbeitgebern mit der Prüfungsnote, was die einzelnen Leute können und nicht dass sie etwas ‚gemeinsam' mit anderen hinbekommen." Nun, dem steht die regelmäßige Forderung von Arbeitgebern nach der Teamfähigkeit unserer Absolventen gegenüber. Sagredo selbst hat oben auf die Bedeutung von Zusammenarbeit für die Wissenschaft hingewiesen. Letztlich spricht er hier eine Problematik an, die unabhängig von *Peer Instruction* existiert. Diese hat mit dem Konflikt zwischen dem Gebot der Zusammenarbeit in vielen Prüfungsordnungen und dem Verbot von Gruppenbewertungen (in Deutschland) zu tun. Andererseits stehen Individualprüfungen in einem Konflikt mit der beruflichen Praxis, wie es das Zitat von Daniel Schwartz zu Beginn des Kapitels treffend ausdrückt.

Das *Two Stage Exam* ist kein Muss beim Einsatz von *Peer Instruction,* kann dieses aber unterstützen. Es zeigt, wie *Peer Instruction* zu bedeutsamen Änderungen an anderer Stelle beitragen kann.

Constructive Alignment kann auch in einer schlankeren Form erreicht werden, indem typische *Peer–Instruction*–Fragen in der schriftlichen Prüfung gestellt werden und das Vorgehen Studierenden vorab deutlich kommuniziert wird. Die meisten Aufgaben aus der Galerie in Abschn. 6.2 eigenen sich mit den Zusatz „und begründen Sie die gewählte Antwort" als Prüfungsaufgaben. Der Aspekt der Auseinandersetzung mit Argumenten anderer kann in einer Prüfungsaufgabe in Form von Mikrodiskussionen eingebracht werden. Dabei müssen sich Studierende mit den Argumenten fiktiver Personen auseinandersetzen. P3 in Abschn. 6.2 ist ein Beispiel.

Literatur

Biggs, J., & Tang, C. 2011. *Teaching for quality learning at university.* Maidenhead: Open University Press.

Chasteen, S. V. (2017). How do I help students engage productively in active learning classrooms? https://www.physport.org/recommendations/Entry.cfm?ID=101163. Zugegriffen: 10. Mai. 2018.

Gilley, B. H., & Clarkston, B. (2014). Collaborative testing: Evidence of learning in a controlled in-class study of undergraduate students. *Journal of College Science Teaching, 433,* 83–91.

Rieger, G. W., & Heiner, C. E. (2014). Examinations that support collaborative learning: The students' perspective. *Journal of College Science Teaching, 434,* 41–47.

Smith, G. A. (2008). First-day questions for the learner-centered classroom. *National Teaching & Learning Forum 17,* 1–4.

Wieman, C. E., Rieger, G. W., & Heiner, C. E. (2014). Physics exams that promote collaborative learning. *The Physics Teacher, 521,* 51–53.

Technologien

8

Nicht die Technologie ist wichtig, sondern was wir damit machen.

Peer Instruction kommt nicht ohne Übermittlungsmedium und damit nicht ohne Technologie aus. Ihr Einsatz ermöglicht, dass *Peer Instruction* mehr ist als *Think–Pair–Share*. Die Technologie dient u. a. dazu, Lehrende über die Verteilung der Antworten der Studierenden zu informieren und so *Peer Instruction* zu orchestrieren. Gleichzeitig hilft sie, die Beteiligungsschwelle für Studierende zu senken.

In den vorangehenden Kapiteln wurde davon ausgegangen, dass *Peer Instruction* mit Clickern durchgeführt wird. In diesem Kapitel sollen einige Alternativen vorgestellt und diskutiert werden, insbesondere mobile Endgeräte wie Smartphones oder Tablets und verschiedene Arten von Abstimmkarten.

Sagredo sieht vor allem Vorteile darin, Smartphones satt Clicker zu verwenden: „Clicker erscheinen mir logistisch viel zu kompliziert. Sie müssen an die Studierenden verteilt und wieder eingesammelt werden. Heute haben alle Studierende immer ein Smartphone dabei. Man könnte diese über WLAN als Abstimmgeräte verwenden. Das Problem mit Austeilen und wieder Einsammeln würde entfallen." Diesem Vorteil von mobilen Endgeräten stehen allerdings auch Nachteile gegenüber, die unten im Detail erläutert werden. Alle Alternativen haben jeweils Vor- und Nachteile. Für Lehrende ist es daher sinnvoll, diese zu kennen, bevor sie die Entscheidung treffen, welche Technologie sie für *Peer Instruction* einsetzen werden.

Als Entscheidungshilfe werden in diesem Kapitel die alternativen Technologien vorgestellt und deren Vor- und Nachteile diskutiert. Zuvor werden Anforderungskriterien genannt, die Lehrende auf jeden Fall in Betracht ziehen sollten, wenn sie eine Technologie für den *Peer–Instruction*-Einsatz auswählen.

© Springer-Verlag GmbH Deutschland, ein Teil von Springer Nature 2019
P. Riegler, *Peer Instruction in der Mathematik*,
https://doi.org/10.1007/978-3-662-60510-3_8

8.1   Anforderungen

Die Entscheidung, welche Technologie zum Einsatz kommen soll, ist gerade für Lehrende schwierig, die noch keine Erfahrung mit der Durchführung von *Peer Instruction* haben. Ohne Erfahrung ist es schwierig einzuschätzen, welche Anforderungen relevant sind und welche Funktionalitäten essentiell sind oder doch eher verzichtbar. Die im Folgenden erörterten und in Tab. 8.1 aufgelisteten Kriterien haben sich erfahrungsgemäß als besonders relevant erwiesen. Für die Entscheidungsfindung sollten Lehrende die einzelnen Kriterien für sich gewichten. Natürlich können abhängig von Ihren eigenen Anforderungen weitere Kriterien hinzukommen.

Offensichtlich ist die Relevanz der Kosten. Für Abstimmgeräte und ggf. auch für benötigte Software fallen Kosten an. Es ist zu klären, ob und welche Kosten von Hochschule bzw. Studierenden getragen werden. Bei Sagredos obigem Vorschlag, die Smartphones von Studierenden als Abstimmgeräte zu nutzen, tragen Studierende diesen Teil der Beschaffungskosten.

Hinzu kommen Betriebskosten. Diese können vom gelegentlichen Austausch von Batterien bei Clickern im Hochschulbesitz bis hin zu regelmäßigen Lizenzgebühren reichen. Gerade kommerzielle Anbieter gehen dazu über, die erforderliche Software nicht mehr zu verkaufen, sondern zu vermieten. Hier ist nicht nur zu klären, wer solche Betriebskosten trägt, sondern auch in welchem Maße faktische Anschaffungskosten durch Miete oder Ähnlichem zu Betriebskosten gemacht werden sollen.

Beschafft die Hochschule die Abstimmgeräte, ist ein gangbarer Weg zu finden, wie diese Studierenden verfügbar gemacht werden können. Hier reicht das Spektrum von Verschenken im Fall von Abstimmkarten, über regelmäßige, kurzfristige Zurverfügungstellung von Clickern im Hörsaal bis hin zu deren längerfristigen Verleihung ähnlich zu Medien in Bibliotheken. Bei den letzten beiden Varianten ist zu klären, wer den logistischen Aufwand leistet. Sagredos obiger Einwand hat dies bereits thematisiert.

Jedes technische System erfordert Aufwand für Administration und Support, z. B. für die Aktualisierung von Software. Hier ist abzuschätzen, welcher Aufwand entstehen wird, und zu klären, ob Ressourcen für Administration und Support verfügbar sind. Sagredos Vorschlag, Smartphones als Endgeräte zu nutzen, bringt zwar Vorteile hinsichtlich Anschaffung und Bereitstellung mit sich, berücksichtigt aber nicht mögliche Komplikationen bezüglich Administration und Support. Wenn beispielsweise Schwierigkeiten bei der Installation erforderlicher Apps oder bei deren Benutzung auftreten, werden sich Studierende hilfesuchend an den Dozenten ihres Kurses wenden. Es ist also zu klären, ob Lehrende in solchen Fällen Support leisten können oder wollen und inwiefern eine andere Stelle diese Aufgaben übernehmen kann.

Für *Peer Instruction* ist es sinnvoll, dass Studierende anonym antworten können (s. Abschn. 4.3). Unterschiedliche Technologien erfüllen diese Anforderung zu einem unterschiedlichen Grad, wobei elektronische Endgeräte diesbzgl. in der Regel besser geeignet sind als Abstimmkarten.

Tab. 8.1 Mögliche Kriterien für die Auswahl geeigneter Technologie für *Peer Instruction*

	Clicker	Mobile Endgeräte	Abstimmkarten	QR-Codes	Hände
Beschaffungskosten	Systemabhängig	Systemabhängig	Gering	Gering	Keine
Betriebskosten	Systemabhängig	Systemabhängig	Keine	Keine	Keine
Administrationsaufwand	Gering	Systemabhängig	Gering	Gering	Keiner
Bereitstellungsaufwand	Prozessabhängig	Gering	Gering	Gering	Keiner
Anonymität	Hoch	Hoch	Eher gering	Hoch	Eher gering
Verlässlichkeit der Datenübertragung	ggf. abhängig von Raumgeometrie und gleichzeitiger Nutzung in benachbarten Räumen	Abhängig von Netzwerk (WLAN, Mobilfunk)	Abhängig von Raumgeometrie und Teilnehmeranzahl	Abhängig von Raumgeometrie	Abhängig von Raumgeometrie und Teilnehmeranzahl
Maximale Teilnehmeranzahl	> 100	> 100	Eher < 40	ca. 60	Eher < 40
Maximale Anzahl der Auswahlmöglichkeiten	Systemabhängig	Systemabhängig	Typischerweise 4	4	Abhängig von Codierung und Erfassungsverfahren
Mehrfachauswahl wird unterstützt	Systemabhängig	Systemabhängig	Abhängig von Erfassungsverfahren	Nein	Abhängig von Erfassungsverfahren
Unterstützung von mathematischem Textsatz und Grafiken	Systemabhängig	Systemabhängig	Ja	Ja	Ja
Automatische Archivierung von Fragen und Antworten	Systemabhängig	Systemabhängig	Nein	Systemabhängig	Nein
Internetanbindung ist erforderlich	Systemabhängig	Ja	Nein	Ja	Nein
Ablenkungspotential	Gering	Hoch	Gering	Gering	Gering

Auf technischer Seite ist zu klären, ob der Einsatz störungsfrei und verlässlich möglich ist. Wird WLAN zur Übertragung verwendet, muss sichergestellt sein, dass die WLAN–Kapazität am vorgesehenen Einsatzort ausreichend ist. Bei der Verwendung von Abstimmkarten müssen die Sichtverhältnisse geeignet sein, damit Lehrende auch alle Abstimmkarten erkennen können. Einschränkungen der Übertragungskapazität oder der Sichtbarkeit führen zu einer Beschränkung der maximalen Anzahl an Studierenden, die sich an der *Peer Instruction* beteiligen können. Eine Beschränkung der Teilnehmerzahl kann auch aus anderen Gründen auftreten, etwa wenn die maximale Anzahl der Endgeräte durch Lizenzbedingungen festgelegt ist.

Aus funktionaler Sicht ist es wichtig zu klären, welche Art von Auswahlaufgaben systemseitig unterstützt werden. Die Vor- und Nachteile verschiedener *Multiple–Choice*–Formate wurden in Abschn. 6.6 erläutert. Manche Systeme ermöglichen nur Auswahlaufgaben mit einer einzigen korrekten Antwort *(multiple choice–single response)*. Sollen auch Fragen gestellt werden, bei denen mehr als eine Antwort richtig ist *(multiple choice–multiple response)*, müssen solche Aufgaben notfalls in das Format *multiple choice–single response* umgeschrieben werden. Bei einer Frage mit drei Auswahlmöglichkeiten (A), (B), (C) und korrekten Antworten (A) und (C) kann dies beispielsweise durch die folgenden neuen Auswahlmöglichkeiten (1)–(7) erreicht werden:

▶ Text der Fragestellung

(A) Antwortoption A
(B) Antwortoption B
(C) Antwortoption C

Welche der genannten Antworten treffen zu?

(1) nur A
(2) nur B
(3) nur C
(4) A und B
(5) A und C
(6) B und C
(7) A, B und C

Die beiden *Peer–Instruction*–Fragen P9 und P10 in Abschn. 6.2 sind konkrete Beispiele für dieses Verfahren angewandt auf die Frage P8.

Auch wenn durch Umschreiben auf das Format *multiple choice–single response* nicht zwingend alle kombinatorisch denkbaren Antwortvarianten aufgelistet werden müssen, steigt durch dieses Verfahren die Anzahl der benötigten Auswahlmöglichkeiten. Diese Anzahl kann größer sein als eine systembedingte Maximalanzahl. Dies ist z. B. bei Abstimmkarten der Fall. Daher ist generell zu klären, wie hoch die maximale Anzahl der Auswahl-möglichkeiten ist und ob diese mit vorhandenen oder geplanten Fragen kompatibel ist.

Sagredo hat Bedenken, was das Format *multiple choice–single response* betrifft: „Wenn es immer genau eine richtige Antwort gibt, könnte bei Studierenden der Eindruck entstehen, dass es immer eine einzige richtige Antwort, immer einen einzigen richtigen Weg usw. gibt. Diese Denke möchte ich nicht durch *Peer Instruction* unterstützen." Für Sagredo wäre es also sinnvoll bei der Technologie–Auswahl darauf zu achten, dass das Format *multiple choice–multiple response* direkt unterstützt wird, und bei der Durchführung von *Peer Instruction*, dass Fragen hinreichend oft in diesem Format gestellt werden.

Eine überaus nützliche, wenn nicht sogar unverzichtbare Funktionalität besteht in der Möglichkeit, dass Fragen und dazugehörige Antwortdaten automatisch archiviert werden. Dies hat mindestens zwei Vorteile. Zum einen erlaubt dies Lehrenden, in einer ruhigen Minute durch die Daten durchzugehen, um beispielsweise für *Peer Instruction* eher unge-eignete Aufgaben auszusortieren. Aufgaben, die unerwarteter Weise im ersten Durchgang von einer deutlichen Mehrheit der Studierenden richtig beantwortet wurden, fallen in diese Kategorie. Zum anderen stellt eine solche automatische Archivierung sicher, dass spontan entwickelte *Peer–Instruction*–Fragen nicht verloren gehen. Erfahrungsgemäß entstehen sehr gute Fragen oft während der Lehrveranstaltung aus der Interaktion mit Studierenden (vgl. Abschn. 6.9).

Die automatische Archivierung spontan entwickelter Fragen setzt allerdings voraus, dass die verwendete Technologie erlaubt, solche Fragen überhaupt zu stellen. Einige Systeme erfordern, das Fragen vorab in einer systemeigenen Umgebung geschrieben werden. In diesem Fall ist gerade für einen Einsatz in Mathematik–Lehrveranstaltungen zu prüfen, ob mathematischer Textsatz und das Einbinden von Abbildungen unterstützt werden.

In einigen Systemen können Fragen nur aus einer Präsentationssoftware wie Power-point gestartet werden. Zukünftige Nutzer sollten überprüfen, ob dies für sie akzeptabel ist oder eine zu starke Einschränkung darstellt. Manche Systeme erfordern die Verwendung von Cloud–Diensten. Abgesehen von eventuellen datenschutzrechtlichen Bedenken ist hier einzuschätzen, ob die erforderliche Internetverbindung zuverlässig verfügbar ist.

Internetbasierte System bringen zudem einen möglicherweise sehr störenden Nachteil mit sich, gerade wenn, wie von Sagredo vorgeschlagen, WLAN–fähige Mobilgeräte der Studierenden verwendet werden sollen. Wenn Studierende per Mobilgerät *Peer–Instruction*–Fragen beantworten, sind mögliche Ablenkungen für sie buchstäblich naheliegend. Die Ver-lockung, eben E–Mails zu lesen oder in ein soziales Netzwerk zu schauen, kann groß sein und im schlimmsten Fall einem Ziel von *Peer Instruction* im Wege stehen: die fokussierte, intensive und tiefe Auseinandersetzung mit den Inhalten bzw. Lernzielen der Frage. Leh-rende sollten sich bei der Technologieauswahl dieses Nachteils internetfähiger Endgeräte bewusst sein und bei einer Entscheidung für ein solches System Maßnahmen einplanen, die das Ablenkungsrisiko lindern können. Kap. 11 beschreibt mögliche Vorgehensweisen.

Tab. 8.1 gibt einen Überblick über die diskutierten Kriterien und entsprechende Informa-tionen zu den im folgenden vorgestellten Technologien für *Peer Instruction*.

8.2   Clicker

Clicker–Systeme umfassen Sendeeinheiten (die eigentlichen Clicker), mit denen Studierende Antworten senden, eine Basisstation (Empfänger), die diese Antworten sammelt, und einen Rechner mit geeigneter Software, die die Antwortdaten auswertet und darstellt. Die Abb. 1.2 und 8.1 zeigen einige Modelle von Clickern und Empfängern.

In dem Zeitraum, in dem Lehrende die Frage zur Beantwortung freigegeben haben, können Studierende durch Betätigen der Antworttasten die Frage beantworten. Bei den meisten Modellen können sich Studierenden während dieses Zeitraums bzgl. ihrer Antwort umentscheiden. Nur die zuletzt abgegebene Antwort geht in die Antwortstatistik ein.

Der Empfänger wird in der Regel per USB am Rechner angeschlossen. Dabei kann ein kleines Display in die Basisstation integriert sein, das die Antwortstatistik zusätzlich zur Software auf dem Rechner anzeigt. Dies ermöglicht Lehrenden, die Antwortstatistik zu sehen, ohne dass sie auf dem Dozentenrechner angezeigt werden muss und somit bei Projektion des Bildschirminhalts auch für die Studierenden sichtbar wäre. Einige Lehrende bevorzugen, Studierenden die Antwortstatistik aus der Individualphase nicht zu zeigen, sondern umschreiben diese nur verbal. Damit soll u. a. verhindert werden, dass Studierende durch Kenntnis der häufigsten Antwort in der bevorstehenden *Peer*–Phase voreingenommen werden (s. Abschn. 12.2 bzgl. Details). Für einige Clicker gibt es optional Handempfänger, so dass ein Notebook–Computer zum Sammeln der Antworten nicht zwingend notwendig ist.

Zum Einsammeln der studentischen Antworten stellt die Software auf dem Dozentenrechner in der Regel ein kleines Steuerfeld zur Verfügung, mit dem Fragen gestartet, gestoppt und verlängert werden können. Häufig kann man eine Zeitdauer voreinstellen, nach der das Einsammeln der Antworten automatisch beendet wird.

Die Software bietet meist viele Optionen und Zusatzfunktionalitäten an, die weit mehr ermöglichen als das Anzeigen der Antwortstatistik. Oft stellt die Software ein Werkzeug zum Erstellen von Aufgaben bereit, zum Teil als Plug-in für Präsentationssoftware wie Powerpoint. Andere Funktionalitäten wie z. B. das selbstgesteuerte Abgeben der Ergebnisse von Hausaufgaben durch Studierende sind für *Peer Instruction* nicht von Bedeutung, können aber eventuell für andere Einsatzzwecke von Clickern interessant sein.

Abb. 8.1 Verschiedene Clicker mit am Rechner angeschlossener Basisstation

Äußerst nützlich ist dagegen, wenn Antwortstatistiken und dazugehörige Fragen automatisch archiviert werden. Dies kann so weit gehen, dass beim Starten einer Frage ein Screenshot gemacht wird und dann zusammen mit den nachfolgenden Antwortdaten gespeichert wird. Auf diese Weise ist es möglich auch Fragen, die nicht in der Clicker–Software erstellt wurden, zu archivieren. Ohnehin ist es vorteilhaft, wenn Fragen nicht in der Clicker–Software geschrieben sein müssen. Dies ermöglicht größtmögliche Flexibilität und Funktionalität beim Erstellen von Aufgaben. Wird bspw. ein Tablet–PC als Dozentenrechner verwendet, können so auch auf das Tablet handgeschriebene Aufgaben verwendet und archiviert werden.

Die Anonymität der einzelnen Antworten ist bei Clickern gegeben, zumindest was die Nichtsichtbarkeit der eigenen Antwort für andere Studierende betrifft. Manche Clickersysteme erlauben die Personalisierung der Endgeräte, d.h. jeder Clicker ist eindeutig einer Studentin oder einem Studenten zugeordnet. In diesem Fall wären die Antworten jeder einzelnen Person für den Dozenten sichtbar. Auch wenn eine Personalisierung der Clicker für *Peer Instruction* nicht benötigt wird, kann diese Funktionalität für andere Einsatzzwecke hilfreich sein (s. Abschn. 12.1).

Viele Clicker–Modelle bieten unterschiedliche Antwort–Modi an, die für *Peer Instruction* interessant sind. Dazu gehören Einfach- und Mehrfachauswahl (also *multiple choice–single response* bzw. *multiple choice–multiple response*) und numerische Antworten.

Die maximale Anzahl der Antwortoptionen kann in der Regel in der Software durch den Dozenten festgelegt werden und bei Bedarf leicht geändert werden. Hat eine Frage bspw. die Antwortoptionen (A)–(E), können Studierende auch nur eine dieser fünf Optionen auf ihrem Clicker auswählen.

Die maximale Teilnehmeranzahl dürfte bei den meisten Produkten mit einigen Hundert deutlich höher sein als die typische Anzahl von Lehrveranstaltungsteilnehmern. Dagegen ist darauf zu achten, dass die Funkreichweite ausreichend ist. Gerade in großen Auditorien kann dies ein Thema sein, so dass u. U. die Basisstation in der Mitte des Raumes positioniert werden muss oder mehrere räumliche verteilte Empfänger benötigt werden.

Für *Peer Instruction* durchaus interessant ist eine gelegentlich vorzufindende Software–Funktionalität, mittels derer Studierende neben einer Antwort auch angeben können, wie sicher sie sind, dass ihre Antwort korrekt ist. Details zu dieser Funktionalität und damit verbundene Fragenformate sind Gegenstand des Abschn. 6.6.

Die Kosten je Clicker liegen je nach Hersteller und Ausstattung im Bereich 30 € bis 100 €. Hinzu kommen die Kosten für die Basisstation in der Größenordnung einiger hundert Euro. Die Software wird oft kostenlos zur Verfügung gestellt. Bis vor kurzem war dies der Regelfall. Aufgrund der zunehmenden Verwendung von mobilen Endgeräten an Stelle von Clickern haben die ersten Hersteller jedoch begonnen, ihr Geschäftsmodell vom Verkauf von Hardware auf den Verkauf von Softwarelizenzen umzustellen. Diese Lizenzen können u. U. zeitlich begrenzt sein und von der Anzahl der Studierenden abhängen, was dann zu dauerhaften Betriebskosten führt. Ansonsten beschränken sich die Betriebskosten auf das gelegentliche Austauschen der Batterien in den Clickern.

Anders als beispielsweise in Nordamerika, wo von Studierenden erwartet wird, dass sie Clicker der von Dozenten genutzten Systeme selbst kaufen, ist es in Deutschland üblich, dass die Hochschulen die Endgeräte kaufen. In diesem Fall stellt sich die Frage, auf welche Weise Clicker den Studierenden bereit gestellt werden. Ein übliches Verfahren ist, dass Transportbehälter mit Clickern an den Eingängen des Hörsaals bereitstehen. Studierende entnehmen beim Betreten ein Gerät und geben es am Ende der Veranstaltung wieder ab.

Werden die Clicker immer im selben Raum eingesetzt, ist zu überlegen, ob sie nicht dauerhaft in diesem Raum deponiert werden können, z. B. in einem Schrank. Werden die Geräte in unterschiedlichen Räumen verwendet, ergibt sich die Anforderung, dass diese rechtzeitig zu Veranstaltungsbeginn vor Ort sein müssen. Dies kann auf verschiedene Weise erreicht werden: Lehrende können die Geräte mitbringen. Verwendet man geeignete Transporttaschen, ist dies besonders bei kleinen Clickern durchaus machbar. Alternativ kann man einen Bringdienst organisieren, z. B. durch studentische Hilfskräfte oder Teilnehmer der Lehrveranstaltung. Werden Clicker in sehr vielen Lehrveranstaltungen eingesetzt, kann längerfristiges Verleihen an Studierende eine Option sein. Dies zieht allerdings das Risiko nach sich, dass einzelne Studierende vergessen, ihren Clicker mit zur Lehrveranstaltung zu bringen.

Sagredo macht sich Gedanken, ob Clicker im Hochschuleigentum nicht mit der Zeit verschwinden: „Wo hoch ist denn die Schwundquote, d. h. wie viele Geräte fehlen am Ende des Semesters?" Der Schwund ist faktisch null. Zwar kommt es gelegentlich vor, dass nach einer Vorlesung einige Clicker fehlen. Manchmal packen Studierende versehentlich ihr Gerät ein, statt es in den Transportbehälter zu legen. In der Regel sind die Clicker aber am Ende der nächsten Veranstaltung wieder da. Für ein absichtliches Entwenden gibt es dagegen keinen Anlass, da Clicker außerhalb von Lehrveranstaltungen keinen Nutzen für die Diebe haben.

8.3   Mobilgeräte

Aufgrund der zunehmenden Verbreitung mobiler Endgeräte wie Smartphones, Notebook–Computer oder Tablets auch unter Studierenden sind diese Geräte zu einer erwägenswerten Alternative zu Clickern geworden. Oft muss auf den Endgeräten dazu eine App installiert sein, die die Funktionalität von Clickern ermöglicht. Manche Applikationen laufen auch in einem Web-Browser.

Wenn Studierende die benötigten Endgeräte besitzen, entfallen praktisch die mit der Beschaffung verbundenen Kosten. Ist diese Voraussetzung nicht für alle Studierenden erfüllt, besteht allerdings die Gefahr, dass sich die Studierende, die kein geeignetes Gerät besitzen, ausgeschlossen fühlen.

Die laufenden Kosten hängen im Wesentlichen davon ab, ob die verwendete Software kostenpflichtig oder kostenfrei ist. Nicht unterschätzt werden sollte der mögliche Administrationsaufwand. Schwierigkeiten Studierender im Zusammenhang mit Installation und Betrieb der erforderlichen App oder Beeinträchtigungen der Systemfunktionalität nach der

Aktualisierung einer Softwarekomponente sind nicht ganz unwahrscheinlich. Bei deren Auftreten sind Lehrende natürlich die Ansprechpartner der Wahl für Studierende. Lehrende müssen sich also gegebenenfalls um die Beseitigung solcher Schwierigkeiten kümmern.

Für viele der in Tab. 8.1 genannten funktionalen Kriterien gibt es keine wesentlichen Unterschiede zwischen der Verwendung von Clicker oder Mobilgeräten. Die Anonymität der Abstimmung ist vergleichbar, wenn man von einer sicheren Datenübertragung und sicheren Endgeräten ausgeht. Wesentliche Unterschiede treten hinsichtlich Bereitstellungsaufwand und Verlässlichkeit der Datenübertragung auf. Dass Studierende ihre Abstimmgeräte quasi selbst mitbringen, wird oft als Vorteil der Verwendung mobiler Endgeräte gesehen. Dem gegenüber steht als möglicher Nachteil, dass nicht *a priori* klar ist, ob bei großen Lehrveranstaltungen die WLAN–Kapazität ausreicht, damit hunderte Studierende gleichzeitig abstimmen können. Ausreichende WLAN–Kapazität sollte daher vor dem beabsichtigten *Peer–Instruction*–Einsatz geklärt werden. Allerdings ist technologisch wohl zu erwarten, dass in nicht allzu ferner Zukunft Studierende sich eher mittels Mobilfunk als WLAN mit dem Internet verbinden werden.

Der größte potentielle Nachteil besteht allerdings darin, dass mobile Endgeräte eine mögliche Ablenkung für Studierende darstellen. Es ist nur allzu menschlich, ein Smartphone mal eben für andere Dinge zu verwenden, nachdem man damit eine *Peer–Instruction*–Frage beantwortet hat.

Sagredo sieht das eher gelassen: „Auch wenn ich es eigentlich für respektlos halte, Studierende werden während der Vorlesung ihr Smartphone so oder so nutzen, um E–Mails zu lesen. Wenn sie es dabei ab und zu verwenden, um sich an *Peer Instruction* zu beteiligen, dann nutzen sie es wenigstens auch mal sinnvoll." Sicherlich hängt die Einschätzung des möglichen Nachteils mobiler Endgeräte für *Peer Instruction* davon ab, wie Lehrende dazu stehen. Manche Lehrende sehen das Ablenkungspotential kritisch und fürchten, dass sie bei Verwendung mobiler Endgeräte an Stelle von Clicker ungewollt kommunizieren, dass es für sie in Ordnung ist, wenn Studierende ihr Smartphone während der Lehrveranstaltung verwenden. Andere Lehrende versuchen dem zu begegnen, indem sie die Gefahren der Nutzung mobiler Endgeräte für nicht–vorlesungsbezogene Zwecke thematisieren, z. B. durch Diskussion entsprechender Forschungsergebnisse wie (Duncan et al. 2012). Ein weiterer Ansatz besteht darin, gemeinsam mit Studierenden Regeln für die Verwendung solcher Geräte während der Lehrveranstaltung aufzustellen (s. Abschn. 9.4) oder einzelne Studierende direkt anzusprechen (s. Abschn. 11.2).

Lehrende sollten sich bewusst sein, dass die ungewünschte Nutzung elektronischer Geräte in ihren Lehrveranstaltungen auch von ihrem Lehrhandeln beeinflusst wird. Aufgaben, die studentische Arbeitsergebnisse sichtbar machen, zu Feedback durch Studierende und Lehrende führen und für Abwechslung im Veranstaltungsablauf sorgen, helfen die ungewünschte Nutzung elektronischer Geräte zu reduzieren (Ulstrup 2019).

8.4   Abstimmkarten

Abstimmkarten ermöglichen eine Durchführung von *Peer Instruction* ganz ohne Elektronik. Jeder Veranstaltungsteilnehmer bekommt ein Set von Antwortkarten, auf denen unterschiedliche Buchstaben oder Ziffern aufgedruckt sind. Eine praktische Variante besteht aus einem einzigen Zettel, der immer so gefaltet werden kann, dass die gewünschte Antwortoption oben ist. Abb. 8.2 zeigt ein Beispiel.

Zum Beantworten halten Studierende die entsprechende Karte bzw. Seite hoch. Studierende können dabei allerdings sehen, wie zumindest einige ihrer Mitstudierenden antworten. Anonymes Antworten ist also praktisch nicht gegeben. Dadurch besteht die Gefahr, dass sich Studierende in ihren Antworten gegenseitig beeinflussen (vgl. Abschn. 4.3). Wenn etwa Studierende bemerken, dass eine merkliche Mehrheit anders als sie antwortet, kann es passieren, dass sie sich während der Abstimmphase zu Gunsten der Mehrheitsantwort umentscheiden, um nicht schlecht dazustehen. Eine solche gegenseitige Beeinflussung kann zumindest dadurch reduziert werden, indem man die Studierenden bittet gleichzeitig ihre Karte zu heben, etwa durch eine Formulierung der Art:

„Überlegen Sie sich bitte Ihre Antwort und heben Sie dann auf Drei Ihre Antwortkarte. ... Eins. Zwei. Drei."

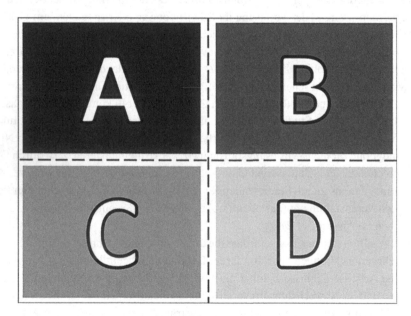

Abb. 8.2 Faltbare Abstimmkarte. Das Blatt wird an den gestrichelten Linien so gefaltet, dass die gewünschte Antwortoption oben ist. Werden die einzelnen Antwortoptionen mit kontrastreichen Farben hinterlegt, ist auch für einen Hörsaal mit mehreren Hundert Studierenden ein Blatt in A4–Größe ausreichend

Eine solche simultane Übermittlung der Antworten erschwert andererseits ein Auszählen der Antworten. Dies wäre bei einer konsekutiven Übermittlung wesentlich leichter, bei der zunächst die Studierenden ihre Karte heben, die mit (A) antworten wollen, dann die mit (B) antworten, usw. Ein konsekutives Erfassen der Antworten erlaubt darüber hinaus eine Mehrfachauswahl bei den *Peer–Instruction*–Fragen. Das Fragenformat *multiple choice–multiple response* ist dagegen bei simultaner Antwort nicht möglich.

Bei der Abwägung der Vor- und Nachteile beider Antworterfassungsverfahren ist es erfahrungsgemäß angebrachter das simultane Verfahren zu wählen, damit sich Studierende in ihren Antworten nicht gegenseitig beeinflussen. Auch wenn dies ein Auszählen der Antworten erschwert, dürfte es Lehrenden leicht fallen, die Antwortverteilung abzuschätzen. Dies kann dadurch erleichtert werden, indem die Antwortoptionen auf den Karten neben den Buchstaben oder Ziffern deutlich unterscheidbare Farbgebungen haben.

Unabhängig von der Anzahl der Lehrveranstaltungsteilnehmer dürften die Kosten für das Drucken von Abstimmkarten immer geringer sein als die Kosten für Bereitstellung und Betrieb elektronischer Alternativen. Die Abstimmkarten können in der ersten Lehrveranstaltung an die Studierenden verteilt werden. Danach sollten immer einige Abstimmkarten als Reserve für solche Studierenden im Hörsaal verfügbar sein, die ihre Karten vergessen oder verloren haben.

Abstimmkarten haben natürlich dort gegenüber elektronischen Systemen Nachteile, wo diese ihre Vorteile haben. Dazu gehören neben der Anonymität der Antworten das mühelose Auszählen und Archivieren der Antwortstatistiken. Für die Wirksamkeit von *Peer Instruction* scheint es jedoch nicht wesentlich zu sein, ob man Clicker oder Abstimmkarten verwendet (Lasry 2008).

8.5 Abstimmkarte mit QR–Code

Eine relativ neue Technologie, die Eigenschaften von elektronischen Systemen und Abstimmkarten vereinigt, verwendet Abstimmkarten mit QR–Codes. Abb. 8.3 zeigt exemplarische Karten. Durch Drehen der Abstimmkarte um jeweils 90° können vier Antwortoptionen kodiert werden. Zum Beantworten einer *Peer–Instruction*–Frage rotieren Studierende ihre Abstimmkarte entsprechend und halten sie hoch. Lehrende scannen den Vorlesungsraum mittels Smartphone ab. Dabei erkennt und dekodiert die benötigte App die Antwortkarten und erstellt die Antwortstatistik, s. Abb. 8.4.

Elektronik kommt nur auf Seiten der Lehrenden zum Einsatz. Daher sind Bereitstellungs- und Administrationsaufwand gering. Die QR–Codes können wie gewöhnliche Abstimmkarten an Studierende verteilt und bei Verlust durch eine neue Karte ersetzt werden. Abgesehen vom benötigen Smartphone zum Aufnehmen der QR–Codes entstehen Kosten allenfalls für die benötigte Software.

Im Gegensatz zu Abstimmkarten bleibt bei der Verwendung von QR–Codes die Anonymität praktisch gewahrt. Die auf die Karten gedruckten Buchstaben, die den Studierenden

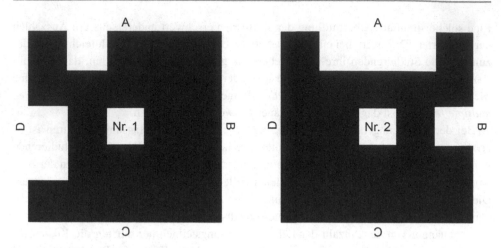

Abb. 8.3 Zwei Abstimmkarten mit QR–Codes. Jeder Lehrveranstaltungsteilnehmer erhält eine individuelle Karte. Zum Antworten wird die Karte so rotiert und hochgehalten, dass der Antwortbuchstabe oben ist

Abb. 8.4 Studierende antworten mittels QR–Codes, die durch ein Smartphone erkannt werden

anzeigen, wie herum sie ihre Karte halten müssen, sind so klein, dass sie selbst von Personen in der Nähe kaum erkannt werden können. Zudem hat jede Person eine individuelle Karte mit eigenem QR–Code, so dass Studierende nicht an den QR–Codes ablesen können, wie ihre Kommilitonen antworten.

Die Verlässlichkeit bei der Erfassung der Antworten ist im Wesentlichen von den Sichtverhältnissen bestimmt. Alle QR–Codes müssen für die Kamera sichtbar sein, dürfen sich also insbesondere nicht gegenseitig verdecken. Mit zunehmender Entfernung wird es für die Kamera natürlich schwieriger die QR–Codes aufzulösen. Das Sichtfeld der Kamera stellt dagegen keine Einschränkung dar. Die Kamera kann zum Abscannen der QR–Codes im Raum bewegt werden. Dabei entsteht keine photographische Aufnahme. Es empfiehlt sich, Studierende beim ersten Einsatz darauf hinzuweisen, damit mögliche Bedenken hinsichtlich Datenschutz und Bildrechten aus dem Weg geräumt werden.

Die maximale Teilnehmerzahl ist durch die Anzahl der systemseitig verfügbaren QR–Codes bestimmt. Sie kann durch eingeschränkte Sichtverhältnisse faktisch geringer sein.

Eine automatische Archivierung von Antwortstatistiken und zugehörigen Fragen erfordert die Anbindung des Lehrenden–Smartphones via WLAN an einen Webdienst. Dazu müssen Aufgaben allerdings im System erstellt werden, was eventuell Einschränkungen bzgl. Textsatz oder der Verwendung von Grafiken mit sich bringt. Andererseits erlaubt die Verwendung eines solchen Webdienstes, dass Studierenden die Antwortverteilung über das Notebook des Dozenten und angeschlossenem Projektor gezeigt werden kann.

8.6 Hände

Statt Abstimmkarten können Studierende auch einfach ihre Hände verwenden, bspw. indem die Anzahl der gezeigten Finger die Antwortoption kodiert. Dieses Verfahren ist insbesondere als Notfalllösung geeignet, wenn die Technik von Clicker oder Mobilgeräten einmal ausfällt (s. auch Kap. 11).

Die Vor- und Nachteile sind nahezu identisch zur Verwendung von Abstimmkarten. Der wesentliche Nachteil gegenüber Abstimmkarten besteht darin, dass die Erfassung der Antworten schwieriger ist und dies mit wachsender Teilnehmeranzahl in zunehmendem Maß.

Einige Lehrende behelfen sich damit, dass sie eine Modifikation der konsekutiven Antwortenerfassung aus Abschn. 8.4 verwenden. Sie fragen nacheinander die Antwortoptionen ab („Wer ist für A? . . . Wer ist für B? . . .") und Studierende antworten durch Handheben.

Ein Nachteil dieses Vorgehens besteht darin, dass Studierende nicht anonym abstimmen können. Dieser Nachteil kann gelindert werden, indem Lehrende beim Abfragen *jeder* Antwortoption jeweils selbst die Hand heben. Studierende, die sich nicht trauen ihre Hand zu heben oder erst abwarten wollen, was ihre Kommilitonen tun, werden so oft ermutigt, ohne Zögern ihre Hand zu heben.[1]

---

[1]Ich danke Anja Panse für den Hinweis auf dieses Vorgehen.

Literatur

Duncan, D. K., Hoekstra, A. R., & Wilcox, B. R. (2012). Digital devices, distraction, and student performance: Does in-class cell phone use reduce learning? *Astronomy education review, 11*, 1.

Lasry, N. (2008). Clickers or flashcards: Is there really a difference? *The Physics Teacher, 46*(4), 242–244.

Ulstrup, E. (2019). Recurrent waves of blue Facebook screens during courses. In *Proceedings of EuroSoTL19: Exploring new fields through the scholarship of teaching and learning* (S. 262–265). Bilbao.

Einsatz von Clickern jenseits von Peer Instruction   9

Wer? Wie? Was? Wieso? Weshalb? Warum? Wer nicht fragt bleibt dumm!

Sesamstraße

Clicker sind ein hervorragendes Medium für *Peer Instruction*. Die Vorteile im Vergleich zu anderen Alternativen wurden in Kap. 8 erörtert. Die Einsatzmöglichkeiten von Clickern sind allerdings nicht auf *Peer Instruction* beschränkt. Dies trifft entsprechend auf die Alternativen zu. Die für *Peer Instruction* benötigte Technologie kann auch anderweitig in der Lehre eingesetzt werden. Im Folgenden werden solche Möglichkeiten vorgestellt.

9.1   Umfragen

Eine offensichtliche Einsatzmöglichkeit für Clicker sind Umfragen. Im Kontext von Lehrveranstaltungen kann dies vom Finden eines Ersatztermins zur Kompensation eines Terminausfalls bis hin zur Durchführung der Lehrveranstaltungsevaluation reichen.

Einige Lehrende nutzen Clicker um zu erfahren, ob die Studierenden ihnen noch folgen können. Dazu lassen Sie kontinuierlich eine Abstimmung laufen, bei der Studierende durch Betätigen einer Clicker-Taste kommunizieren, dass sie den Anschluss verloren haben.

Sagredo hält das für unnötig: „Ich bemerke das auch ohne Clicker an den leeren Blicken der Studierenden." Die wesentliche Frage ist natürlich, wie man mit der Information umgeht. Ignorieren ist wohl kaum angebracht. Reagieren erfordert jedoch weitergehende Information darüber, warum die Studierenden ausgestiegen sind. Hier kann eine kontinuierlich laufende Clickerfrage ein Türöffner sein, um an diese Information zu gelangen. Die Studierenden einfach zu fragen, wird ohne Clicker-Einsatz wegen der bekannten Ängste, sich in der Lehrveranstaltung zu äußern, kaum von Erfolg gekrönt sein. Wenn Studierende

© Springer-Verlag GmbH Deutschland, ein Teil von Springer Nature 2019
P. Riegler, *Peer Instruction in der Mathematik*,
https://doi.org/10.1007/978-3-662-60510-3_9

jedoch schon (anonym) geäußert haben, dass sie den Anschluss verloren haben, macht es dies wahrscheinlicher eine Antwort auf eine Bitte der folgenden Art zu bekommen:

> „Ich sehe, viele von Ihnen sind ausgestiegen. Sagen Sie mir bitte, was ich tun kann, um Sie wieder ins Boot zu bekommen."

Sicherlich gibt es auch andere, womöglich effektivere Methoden, um auf ein Aussteigen der Studierenden zu reagieren oder dieses gar zu verhindern (s. auch Abschn. 10.1).

9.2   Kollaborative Experimente

Clicker lassen sich gut dazu einsetzen, Studierende mit verteilten Experimenten an der Lehrveranstaltung zu beteiligen. Die Aktivität P16 in Abschn. 6.2 veranschaulicht dies im Kontext der Wahrscheinlichkeitsrechnung oder auch der Statistik. Studierende werfen dabei mehrmals eine Münze und kommunizieren das Ergebnis per Clicker. Durch die Clicker-Software histogrammatisch darstellt werden die Antworten näherungsweise eine Binomialverteilung ergeben. Die erhaltenen Daten können anschließend genutzt werden, um sie mit der zu erwartenden Verteilung zu vergleichen.

Solche, gemeinsam mit Studierenden durchgeführte Experimente können zusätzlich einen Wettbewerbscharakter haben. Das folgende Beispiel zur Theorie formaler Sprachen adressiert eine von Studierenden häufig gestellte Frage nach dem Mehrwert der Chomsky–Normalform (CNF). Da Grammatiken in CNF häufiger mehr Produktionen haben als äquivalente Grammatiken, die nicht in CNF sind, erscheinen erstere Studierenden komplizierter.

Zur Durchführung der folgenden Aktivität werden Studierende in zwei Gruppen eingeteilt (z. B. linke und rechte Hörsaalhälfte).

▶ Das Wort aab ist Element der Sprache, die durch die unten links gezeigte Grammatik G aus dem Lehrtext[1] beschrieben wird.

(A) Gruppe A: Parsen Sie aab mit der Grammatik G (unten links)
(B) Gruppe B: Parsen Sie aab mit der Chomsky Normalform (CNF) von G (unten rechts).

1. Welche Gruppe wird gewinnen?
2. Drücken Sie den Buchstaben Ihrer Gruppe, wenn Sie mit dem Parsen fertig sind.

---

[1](Sipser 2012).

Grammatik G	CNF von Grammatik G
$S \to ASA \mid aB$	$S_0 \to AA_1 \mid UB \mid a \mid SA \mid AS$
$A \to B \mid S$	$S \to AA_1 \mid UB \mid a \mid SA \mid AS$
$B \to b \mid \varepsilon$	$A \to b \mid AA_1 \mid UB \mid a \mid SA \mid AS$
	$A_1 \to SA$
	$U \to a$
	$B \to b$

Zunächst sollen Studierende eine Vorhersage machen, welche Gruppe gewinnen wird, und dies per Clicker kommunizieren. Dies dient dazu, die oben geschilderte Vorstellung vieler Studierender sichtbar zu machen.[2] Danach bearbeiten Studierende alleine oder zusammen die beschriebene Aufgabenstellung.

Schon während die Studierenden die Aufgabenstellung bearbeiten, wird die sich entwickelnde Antwortverteilung gezeigt, so dass Studierende sehen können, dass Mitglieder der Gruppe B die Aufgabenstellung durchschnittlich schneller bearbeiten. Anschließend kann im Plenum die Ursache für dieses von vielen Studierenden nicht erwartete Ergebnis diskutiert werden.

9.3 Studentische Unterstützung einholen

Manchmal sind Botschaften überzeugender, wenn sie aus dem Munde von *Peers* kommen, im Kontext von Lehre also aus dem Munde von Kommilitonen. Clicker können verwendet werden, um Studierende von Lehrenden intendierte Aussagen (zuerst) aussprechen zu lassen, ohne dass Lehrende diese (zunächst) direkt äußern müssen.

Bei *Just in Time Teaching,* einer Lehrmethode, die häufig in Kombination mit *Peer Instruction* eingesetzt wird (s. Abschn. 10.1), schreiben Studierende vor dem Lehrveranstaltungstermin, welche Aspekte des Lehrstoffs ihnen Schwierigkeiten bereiten. Zu reflektieren und zu beschreiben, was schwierig ist, ist keine leichte Aufgabe. Sie fällt einigen Studierenden leichter als anderen.

Auch bei solchen Aufgaben profitieren Studierende von Feedback. Die folgende Aufgabenstellung veranlasst Studierende, Kommilitonen Feedback zu den Beschreibungen ihrer Schwierigkeiten zu formulieren. Sie veranlasst sie gleichzeitig zu analysieren, welche Eigenschaften solche Beschreibungen haben sollten. Die drei Auswahlmöglichkeiten sind jeweils Zitate von Beschreibungen, die Studierende eingereicht haben.

---

[2]Hier wird das Entwurfsmuster *Elicit–Confront–Resolve* (s. Abschn. 5.2) eingesetzt, um im ersten Schritt die studentische Vorstellung transparent zu machen, dass die höhere Anzahl der Produktionen einer Grammatik in CNF zu einem Mehraufwand beim Parsen führt. Das Experiment zeigt dann im zweiten Schritt, dass dies nicht der Fall ist.

▶ Welche Fragen erachten Sie für die Zwecke dieses Kurses am hilfreichsten?

(A) „die Zeichen sind für mich schwer zu verstehen"
(B) „Es war schwierig zu verstehen, welchen Einfluss z. B. die Quantoren bzw. die Schreibweise/Syntax eines Objektes auf die Art (Aussage, Aussageform, keines von beiden) dieses Objektes haben.
Bsp: Woran erkenne ich, dass ein Objekt $\exists x \in R \ \forall y \in R : x + y = y$ eine Aussage ist und keine Aussageform?"
(C) „Ich fand die Online–Aufgaben ‚Aussage und Aussageform' und ‚Beziehung zwischen Aussagen' schwierig. Ansonsten habe ich bei den anderen Themen keine Probleme gehabt."

Natürlich erkennen Studierende, dass der Autor der Antwortoption (B) seine Schwierigkeiten besser beschreibt als die Autoren von (A) und (C). Im Anschluss an die Clicker-Abstimmung werden die Studierenden gefragt, was Antwortoption (B) informativer für *Just in Time Teaching* macht und was die Autoren von (A) und (C) anders machen sollten. In der anschließenden Plenumsphase erhalten die Autoren von (A) und (C) direkt Hinweise und Feedback aus dem Munde von *Peers,* ebenso wie Mitstudierende, deren Beschreibung vergleichbar zu der von (A) oder (C) ist. Dabei bleiben die Personen hinter den Aussagen (A) bis (C) vollkommen anonym.

Auch der in Abschn. 7.1 diskutierte Fragenzyklus, um Studierende vom didaktischen Vorgehen der Lehrveranstaltung zu überzeugen, ist eine Form Studierende wichtige Botschaften selbst formulieren zu lassen.

9.4   Vertrag abschließen

Die zunehmende Verbreitung von Notebook–Computern, Tablets und Smartphones bietet neue Möglichkeiten für die Hochschullehre, bringt aber auch Herausforderungen mit sich. Wenn Studierende solche Geräte ohne Bezug zur Lehrveranstaltung verwenden, empfinden dies Lehrende mitunter als irritierend oder respektlos. Auch für Mitstudierende kann es störend sein, wenn ein Kommilitone einige Sitzreihen vor ihnen einen Film anschaut.

Die Gründe, dass Studierende sich während der Lehrveranstaltung mit ihren Mobilgeräten beschäftigen, können vielfältig sein. Das Verhalten kann ausdrücken, dass Studierende der Lehrveranstaltung nicht mehr folgen können oder wollen; es kann die Folge einer Sucht sein; es kann im Warten auf eine als wichtig empfundene Nachricht begründet sein und vieles mehr.

Die Nutzung von Mobilgeräten während Lehrveranstaltungen zu verbieten ist nicht unbedingt von Erfolg gekrönt. Ein generelles Verbot ist zumindest da nicht möglich, wo Mobilgeräte zur Unterstützung des Lernens genutzt werden sollen, bspw. als Clicker–Ersatz (vgl. Kap. 8) oder um während der Lehrveranstaltung zu programmieren. In solchen Fällen schließen manche Lehrende eine Art Vertrag mit ihren Studierenden, der regeln soll, was passiert, wenn Studierende ein Mobilgerät für lehrveranstaltungsfremde Zwecke verwenden. Dazu kann es sinnvoll sein, die Studierenden in die „Vertragsgestaltung" einzubinden. Die folgende Frage tut dies, indem diese die Art der Sanktionierung im Falle einer „Vertragsverletzung" wählen:

▶ Vereinbarung zur Nutzung elektronischer Geräte
  Sie werden während der Vorlesungszeit öfters einen Rechner brauchen – meistens für Programmieraktivitäten. Es ist jedoch nicht akzeptabel, wenn Sie Ihren Rechner (Mobiltelefon etc.) während der Lehrveranstaltungszeit für andere Zwecke verwenden.
  Ihre Wahl:

(A) Ich als Ihr Dozent entscheide, wann und für welche Zwecke Sie elektronische Geräte nutzen dürfen. Wenn jemand von Ihnen ein elektronisches Gerät für andere Zwecke verwendet, darf ich es bis zum Ende der Vorlesung konfiszieren.

(B) Sie entscheiden über die Nutzung von elektronischen Geräten. Wenn jemand von Ihnen ein elektronisches Gerät für nicht-lehrveranstaltungsbezogene Zwecke verwendet, bringt diese Person beim nächsten Mal Kuchen für alle mit.

Die Stimmenmehrheit wird über das Vorgehen in dieser Lehrveranstaltung entscheiden!

Allerdings ist es für die Wirksamkeit eines solchen Vorgehens erforderlich, dass Lehrende die Einhaltung der Vereinbarung überprüfen. In hochgradig interaktiven Lehrveranstaltungen, die bspw. *Peer Instruction* oder Programmierübungen während der Lehrveranstaltung nutzen, und bei eher kleinen Teilnehmerzahlen ist dies durchaus möglich. In solchen Lehrformaten werden Lehrende viel Zeit zwischen den Sitzreihen der Studierenden verbringen und können so „vertragswidriges Verhalten" leicht beobachten und nachweisen. Dabei sollten sie darauf achten, nicht in einen Überwachungsmodus zu verfallen, was dem Schaffen oder Aufrechterhalten eines (lern-)partnerschaftlichen Klimas[3] eher im Wege stehen würde.

9.5   Lehrziele kommunizieren

Lehrziele haben eine zentrale Bedeutung bei der Gestaltung von Lehre und für das Lernen der Studierenden. Das ist nicht erst seit Bologna so, denn Studierende orientieren ihr Lernen durchaus an Lehrzielen. Allerdings kann es leicht passieren, dass sie die Lehrziele allein aus alten Prüfungen abzuleiten versuchen. Um eine solche potentiell fehlerhafte und implizite Kommunikation von Lehrzielen durch alte Prüfungsaufgaben zu vermeiden, ist es sicherlich

---

[3]Erfahrungsgemäß funktioniert die „Vertragsoption" (B) besonders gut, wenn Lehrende selbst bei einer „Vertragsverletzung" erwischt werden und dann pflichtgemäß Kuchen mitbringen. Lehrende können einen solchen Fall sogar künstlich herbeiführen, indem sie sich während einer Lehrveranstaltung anrufen lassen und das Gespräch annehmen ;-).

angebracht, Lehrziele direkt zu kommunizieren und sicherzustellen, dass Studierende diese tatsächlich verstehen.

Die Wahl des passenden Zeitpunkts, Lehrziele zu kommunizieren, ist nicht trivial. Zu Beginn eines Semesters ist es in der Regel zu früh, weil Studierende zu diesem Zeitpunkt nicht die Fachbegriffe kennen können, die in den Lernzielformulierungen verwendet werden. Eine Kommunikation erst am Endes eines Semesters wäre wegen der bevorstehenden Prüfung dagegen zu spät.

Der Weg der Mitte besteht also darin, stoffbezogene Lehrziele dann zu kommunizieren, wenn auch die entsprechenden Inhalte behandelt werden. Damit Studierende die Lehrziele verstehen, ist es hilfreich, wenn sie sich damit auseinandersetzen. Eine Form, dies zu erreichen, besteht darin, Studierenden eine Aufgabenstellung zusammen mit einer durchnummerierten Liste von Lehrzielen zu zeigen und zu fragen, das Erreichen welcher Lehrziele diese Aufgabe, als Prüfungsaufgabe gestellt, überprüft. Studierende können mittels Clicker antworten, indem sie die Nummern von Lehrzielen angeben.

Obwohl es bei einer solchen Frage letztendlich nicht um richtig oder falsch geht, kann es bei stark streuenden Antworten sinnvoll sein in die *Peer*–Phase zu gehen. Auch eine Diskussion mit Kommilitonen kann dazu beitragen, dass sich Studierende mit Lehrzielen auseinandersetzen und erkennen, was die Lehrziele bedeuten.

9.6 Thought Questions

Peer Instruction arbeitet üblicherweise mit geschlossenen Fragen, damit Studierende z. B. per Clicker über eine diskrete Menge von Auswahlmöglichkeiten abstimmen können. *Thought Questions* (Foley und Tsai 2010) sind ein Format, bei dem Clicker bei offenen Fragestellungen zum Einsatz kommen.

Ähnlich wie *Peer Instruction* sind für dieses Format besonders Aufgabenstellungen geeignet, die ein qualitatives Ergebnis erfordern oder bei denen eine Klassifikation vorgenommen werden soll. *Thought Questions* sind gerade dann vorteilhaft, wenn es Ihnen als Dozent schwer fällt, geeignete Distraktoren für eine *Peer–Instruction*–Frage zu formulieren, oder Sie noch keine Idee haben, was ein Konzept für Studierende schwierig macht.

Betrachten wir als Beispiel die folgende Fragestellung im Kontext des Lehrziels „Studierende erkennen, ob ein Sachverhalt oder eine Situation mittels Funktion beschrieben werden kann" (Breidenbach et al. 1992; Marwan und Riegler 2011):

> Kann man aus der Buchstabenfolge, die eine Zahl bezeichnet, die entsprechende Ziffernfolge mit Hilfe einer Methode / Funktion gewinnen?
> Beispiel: hundertdreiundzwanzig wird zu 123.

In dieser Form ist die Fragestellung als *Peer–Instruction*–Frage wenig geeignet, insbesondere weil sie wenig diagnostischen Wert hat. Wenn Studierende falsch antworten, geben die Antworten keinen Hinweis darauf, wie sie denken. Dazu müssten typische Falschantworten in den Distraktoren kodiert sein. Als *Thought Question* eingesetzt kann die Aufgabenstellung diese Information jedoch liefern.

Dazu bittet man Studierende die Frage in kleinen Gruppen zu beantworten und gibt ihnen einen angemessenen Zeitrahmen vor. Dann wählt man eine Gruppe aus und bittet diese, ihre Antwort zu nennen und zu begründen.[4] Danach kommen die Clicker zum Einsatz. Man bittet alle Studierenden im Hörsaal sich mit diesen Erläuterungen auseinanderzusetzen mit einer Fragestellung der folgenden Art:

▶ Stimmen Sie der Antwort und der Begründung zu?

(A) Nein
(B) Ja
(C) Nur der Antwort, aber nicht der Begründung
(D) Weiß nicht

Wenn die Mehrheit Option (A) wählt, bittet man eine weitere Gruppe ihr Ergebnis zu erläutern und lässt anschließend den Hörsaal erneut abstimmen.

Auf diese Weise kann man als Dozent typische falsche Denkmuster erfahren, die man eventuell für den nächsten Durchgang des Kurses als Distraktoren für eine *Peer–Instruction–*Frage verwenden kann. Gewissermaßen müssen bei den *Thought Questions* Lehrende „nur" die Aufgabenstellung liefern. Die Distraktoren formulieren die Studierenden.

Literatur

Breidenbach, D., Dubinsky, E., Hawks, J., & Nichols, D. (1992). Development of the process conception of function. *Educational Studies in Mathematics, 23*, 3247–285.

Foley, T., & Tsai, P.-S. (2010). Thought questions: A new approach to using clickers. http://www.cwsei.ubc.ca/resources/files/CU-SEI_Thought_Questions.pdf. Zugegriffen: 20. Mai 2019.

Marwan, P., & Riegler, P. (2011). Entwicklung des Funktionenkonzepts bei Studierenden der Informatik. In D. Schott (Hrsg.), *Wismarer Frege–Reihe* (Bd. 2, S. 22–29), Wismar.

Sipser, M. (2012). *Introduction to the theory of computation*. Boston: Course Technology Cengage Learning.

---

[4]Eine oft anzutreffende Problematik bei Gruppenarbeiten besteht darin, dass die Gruppen nicht „sprechfähig" sind. Die Gruppe wird aufgerufen und reagiert mit peinlichem Schweigen oder handelt erst dann aus, wer für die Gruppe antwortet. Um dies zu vermeiden bzw. den Antwortprozess zu beschleunigen, hat sich bewährt der Gruppe mit der Aufgabenstellung den Auftrag mitzugeben, als erstes einen Gruppensprecher festzulegen. Dieser Auftrag kann so formuliert sein: „Bevor Sie die Aufgabenstellung bearbeiten, bestimmen Sie bitte einen Gruppensprecher. Wenn Sie sich nicht einigen können, wählen Sie die Person, die am weitesten vom Hochschulort entfernt geboren wurde."

Zeitdieb Peer Instruction?   10

„Aber die Studierenden müssen das gehört haben!"
„Wir können ja alles aufnehmen, was Studierende gehört haben
sollten, und es ihnen zu Studienbeginn als mp3-Datei geben."
Lehrende in einer Sitzung zur Curriculumsplanung

Peer Instruction nimmt einen merklichen Anteil der Kontaktzeit in Anspruch. Lehrveranstaltungen, die reichlich Gebrauch von dieser Lehrmethode machen, werden typischerweise zwei bis vier *Peer–Instruction*–Zyklen pro Zeitstunde aufweisen. Geht man von einem Zeitbedarf von etwa fünf Minuten pro Zyklus aus, dann nimmt *Peer Instruction* ein Sechstel bis ein Drittel der Kontaktzeit ein.

Wir sind wieder bei Sagredos großer Sorge angelangt: „Trotz aller unbestrittener Vorteile von *Peer Instruction*: Bei diesen Zahlen ist es kein Wunder, dass mir *Peer Instruction* wie ein Zeitdieb erscheint. Dieses Zeitproblem braucht eine Lösung!" In diesem Kapitel wird es um bewährte Lösungsansätze für dieses Zeitproblem gehen.

Lehrende sollten diese Lösungsansätze allerdings nicht als Rezepte verstehen. Denn vielleicht ist die Lehrveranstaltungszeit, die *Peer Instruction* „stiehlt", gar nicht das eigentliche Problem. Vielleicht liegt dieses in der Stofffülle. Vielleicht liegt es daran, dass wir uns in der Lehre zu sehr von Inhalten und zu wenig von Zielen leiten lassen. Vielleicht besteht das Problem darin, sich als Lehrender zu verändern.

Es soll hier nicht darum gehen zu argumentieren, dass viele Lehrveranstaltungen mit Stoff überfrachtet sind, dass Stofffülle Verständnis hemmt oder dass Lehrende ihr Bild von Lehre wandeln sollten. Es geht vielmehr darum, ehrlich darauf hinzuweisen, dass *Peer Instruction* für Lehrende einiges in Bewegung bringen kann und Fragen aufwirft, die möglicherweise tiefer gehen als dies auf den ersten Blick erscheint. Es kann wertvoll sein, solche Fragen zum Anlass zu nehmen, neu über Lehre nachzudenken, statt schnelle Antworten auf möglicherweise sekundäre Fragen zu suchen.

© Springer-Verlag GmbH Deutschland, ein Teil von Springer Nature 2019   129
P. Riegler, *Peer Instruction in der Mathematik*,
https://doi.org/10.1007/978-3-662-60510-3_10

10.1 Just in Time Teaching

Ein häufig praktizierter Lösungsansatz, um die von *Peer Instruction* benötigte Veranstaltungszeit „wieder hereinzuholen", verlagert die Stoffübermittlung ganz oder teilweise aus der Kontaktzeit in das Selbststudium der Studierenden. Oft wird *Peer Instruction* zu diesem Zweck mit *Just in Time Teaching* (JiTT) kombiniert.

JiTT (Novak et al. 1999) nutzt Webtechnologie, um das Selbststudium der Studierenden zu organisieren und zu steuern. Studierende bekommen regelmäßig Selbststudiumsaufträge, die mit Fragen kombiniert sind, die sie auf einer geeigneten Lernplattform beantworten. Als Lehrmaterialien werden üblicherweise Lehrtexte oder Videos verwendet.

Nach dem Studium der Lehrmaterialien bearbeiten Studierende Fragen, die sich auf die Lehrinhalte beziehen und die sie ohne deren Studium nicht beantworten können. In der Regel bekommen Studierende unmittelbar Feedback zur Richtigkeit ihrer Antworten. Ermöglicht wird dies durch Software, die die Antworten der Studierenden serverseitig auf Korrektheit überprüft. Die Möglichkeiten solcher Bewertungssoftware gehen gerade in der Mathematik weit über Auswahlaufgaben hinaus. Indem ein Computeralgebrasystem verwendet wird, können auch Antworten auf offene Fragen wie „Nennen Sie ein Beispiel für eine 3×3–Matrix mit Rang 2" oder „Bestimmen Sie die Ableitung von $\sin^2(at)$ bzgl. t" auf Korrektheit überprüft werden (Riegler 2012).

Durch das Beantworten von web-basierten Fragen erhalten nicht nur Studierende, sondern auch Lehrende wertvolles Feedback. Lehrende können sich schnell einen Blick darüber verschaffen, welche Themen des Selbststudiums von Studierenden gut gemeistert werden und welche Themen diesen schwer fallen. Auf Grundlage dieser Informationen können Lehrende *just in time* entscheiden, wozu sie die Kontaktzeit verwenden: Was Studierende bereits hinreichend verstanden haben, müssen Lehrende in der Kontaktzeit nicht mehr thematisieren. Aspekte des Stoffes, die Studierenden Schwierigkeiten bereiten, sollten sie dagegen aufgreifen, z. B. mittels *Peer Instruction*.

Sagredo erscheint dies ein sinnvolles und lohnendes Vorgehen zu sein: „Es ist schon so, dass in meinen Lehrveranstaltungen recht viel Zeit für Dinge benötigt wird, für die die Kontaktzeit eigentlich zu schade ist. Ich denke da an das Anschreiben von Definitionen und Sätzen, aber auch einfacher Beispiele. Die können sich Studierende auch in einem Buch anschauen. Die Vorlesung sollte wirklich nicht dazu da sein „vorzulesen", was ohnehin in jedem Lehrtext steht. Nur frage ich mich, ob Studierende sich wirklich zu Hause hinsetzen und die Sachen tatsächlich anschauen."

Wie auch bei *Peer Instruction* müssen bei JiTT kritische Faktoren erfüllt sein, damit die Lehrmethode wirksam ist und sich Studierende darauf einlassen. Letztendlich sind es die gleichen Faktoren, die bereits in Kap. 4 für *Peer Instruction* diskutiert wurden: JiTT muss für Studierende einen Mehrwert bieten. Ein wesentlicher Mehrwert besteht darin, dass Lehrende ihnen in der Lehrveranstaltung helfen, identifizierte Schwierigkeiten zu meistern. Es ist letztendlich ein Geben und Nehmen: Studierende leisten Vorarbeit, Lehrende bieten auf dieser Grundlage Hilfe. Die Vorarbeit der Studierenden zahlt sich in der Kontaktzeit aus. Sie bekommen Antworten auf ihre Fragen.

Daher ist es sinnvoll, dass Studierende die Gelegenheit bekommen, ihre Fragen zum Stoff oder auch ihre Schwierigkeiten damit explizit zu formulieren. Selbststudiumsaufträge sind bei JiTT daher oft mit der folgenden Frage und Aufforderung verbunden (Kautz 2016):

> Gibt es Teile der Lektüre, die Ihnen unklar geblieben sind?
> Wenn ja, formulieren Sie eine *konkrete Frage* zu dem entsprechenden Thema.
> Wenn nein, geben Sie an, welche Aussage im Text ihnen besonders wichtig oder besonders interessant erscheint.

Lehrende sichten die Antworten ihrer Studierenden im Vorfeld der Kontaktzeit zumindest stichprobenartig und erhalten dadurch weitere Information darüber, wofür die Kontaktzeit am besten eingesetzt werden sollte. Wie die *Peer*–Phase von *Peer Instruction* erlauben solche Selbststudiumsaufträge Lehrenden „den Studierenden zuzuhören" und so herauszufinden, welche mentalen Vorstellungen diese tatsächlich von den Fachkonzepten haben. Aus den Antworten Studierender auf die obige Frage ergeben sich oft lohnende Themen für *Peer– Instruction*–Fragen. Dies kann soweit gehen, dass die Antworten Studierender wortwörtlich für *Peer Instruction* eingesetzt werden können. Abschn. 6.5 nennt mit dem Entwurfsmuster *Fehler finden* konkrete Beispiele.

JiTT führt dazu, dass Studierende vorbereitet zur Lehrveranstaltung kommen. Sie kommen mit Fragen und Anliegen, die die Lehrveranstaltung für sie klären kann. So ermöglicht auch JiTT Gelegenheiten für *Time for Telling* während der Lehrveranstaltung.

Details der Durchführung von JiTT, Gelingensfaktoren und Erfahrungen mit dem Einsatz von JiTT sind in einer umfangreichen Literatur dokumentiert (Novak et al. 1999, Waldherr und Walter 2015), insbesondere auch spezifisch für die Mathematiklehre (McGee et al. 2016, Riegler 2012, 2013, 2016, Simkins und Maier 2010). Im Internet verfügbare Videos erlauben, sich ein konkretes Bild von JiTT machen, z. B.:

- https://youtu.be/jzq92bHIJms
- https://youtu.be/1ImPB5ghsHw
- https://youtu.be/627jVplDWEo

So wie es Sammlungen von *Peer–Instruction*–Fragen gibt, gibt es auch Sammlungen von Materialien und Fragen für JiTT. Unter anderem hält die Webseite http://jittdl.physics.iupui. edu erprobte JiTT–Materialien von Mathematiklehrenden vor. Die Lernplattform LON– CAPA (www.loncapa.org) ermöglicht den Zugriff auf Tausende von JiTT–geeigneten, automatisch bewertbaren Aufgaben und ist zugleich Verbindungsmedium für Lehrende weltweit, die sich ihre Aufgaben zur gegenseitigen Nutzung zur Verfügung stellen.

10.2 Stofffülle und Lernziele

Sicher wird es nicht möglich sein, die Zeit, die der Einsatz von *Peer Instruction* erfordert, alleine durch Reduzieren des Stoffes zu kompensieren. Stoffreduktion sollte aber auch kein Tabu sein. Gestehen wir uns ein, dass mancher Inhalt eher deshalb Bestandteil einer Lehrveranstaltung ist, weil das Lehrbuch ihn vorhält oder weil es ein Steckenpferd der lehrenden Person darstellt. Lehrbücher, gerade amerikanische, enthalten oft eine möglichst vollständige Abdeckung des *möglichen* Stoffs, damit Lehrende wirklich alles vorfinden, was sie in ihrer Lehrveranstaltung thematisieren wollen, und sich so für dieses Buch entscheiden. Daraus lässt sich nicht zwingend ableiten, dass alles, was ein Lehrbuch thematisiert, auch zu den kanonischen Lehrinhalten gehört.

Ein Thema zum Gegenstand einer Lehrveranstaltung zu machen, weil man es besonders schätzt, ist ehrenwert und ermöglicht es Studierenden in besonderer Weise von der fachlichen Expertise ihres Dozenten zu profitieren. Am Ende zählt aber nicht der abgedeckte Inhalt, sondern die erzielte Wirkung. Lehrende verfügen nicht nur über besonderes Inhaltswissen, sondern auch über didaktisches Inhaltswissen *(Pedagogical Content Knowledge)* (Shulman 1986): Sie kennen charakteristische Schwierigkeiten und Lernhürden von Lernenden oder können diese mit Methoden wie *Peer Instruction* oder JiTT wahrnehmen und so bei deren Überwindung helfen. Es kann lohnend sein, wenn Lehrende ein Thema, bei dem sie über besondere Inhaltsexpertise verfügen, „opfern", um die freigewordene Zeit zu verwenden, ihr didaktisches Inhaltswissen gewinnbringend einzusetzen.

Am Ende ist es immer eine Frage der Lehr- und Lernziele. Daher beginnen Methoden zur Stoffreduzierung gewöhnlich mit dem Formulieren von Lernzielen. *Peer Instruction* kann den Anlass geben, sich der Ziele der eigenen Lehrveranstaltung bewusst zu werden, diese explizit zu formulieren und so die eigene Lehre zielorientiert neu zu planen. Designprozesse wie *Constructive Alignment* (Biggs und Tang 2011), Kursdesign für bedeutsames Lernen (Fink 2013) oder Lernzielmatrizen (Waldherr und Walter 2015) liefern dazu bewährte Werkzeuge.

Lehre erfordert immer eine Balance von Stoffpräsentation und Unterstützen beim Begreifen dieses Stoffes. Zwischen diesen beiden Polen gibt es viel Raum. Wenn Lehre sich allerdings zu Nahe am Pol der Stoffpräsentation aufhält, spricht sie Studierenden implizit die Fähigkeit ab, sich Inhalte selbst anzueignen. Studierende mögen diese Fähigkeit noch nicht haben, aber Methoden wie *Peer Instruction* oder auch JiTT können dazu beitragen, dass sie diese erlernen.

Literatur

Biggs, J., & Tang, C. (2011). *Teaching for quality learning at university*. Maidenhead: Open University Press.

Fink, L. D. (2013). *Creating significant learning experiences. An integrated approach to designing college courses*. San Francisco: Jossey-Bass.

Kautz, C. (2016). *Wissenskonstruktion: Durch aktivierende Lehre nachhaltiges Verständnis in MINT-Fächern fördern* (Bd. 4). Abteilung für Fachdidaktik der Ingenieurwissenschaften der Technischen Universität Hamburg.

McGee, M., Stokes, L., & Nadolsky, P. (2016). Just-in-time teaching in statistics classrooms. *Journal of Statistics Education, 24*(1), 16–26.

Novak, G. M., Patterson, E. T., Gavrin, A. D., & Christian, W. (1999). *Just in time teaching.* Upper Saddle River: Prentice-Hall.

Riegler, P. (2012). Just in Time Teaching: Wer liest und wer lehrt an der Hochschule? In F. Waldherr & C. Walter (Hrsg.), *Tagungsband zum Forum der Lehre an der Hochschule Ansbach* (S. 51–57) Ingolstadt: DiZ – Zentrum für Hochschuldidaktik.

Riegler, P. (2013). Just in Time Teaching. In M. Krüger & M. Schmees (Hrsg), *E-Assessments in der Hochschullehre. Einführung, Positionen & Einsatzbeispiele.* (S. 47–50). Frankfurt a. M.: Lang.

Riegler, P. (2016). Fostering Literacy in and via Mathematics. *Zeitschrift für Hochschulentwicklung, 11*(2),

Shulman, L. S. (1986). Those Who Understand: Knowledge Growth in Teaching. *Educational Researcher, 152,* 4–14.

Simkins, S., & Maier, M. (2010). *Just-in-time teaching: Across the disciplines, across the academy.* Sterling: Stylus.

Waldherr, F. & Walter, C. (2015). *Didaktisch und praktisch: Ideen und Methoden für die Hochschullehre* (2. Aufl.). Stuttgart: Schäffer–Poeschel.

Umgang mit möglichen Problemen

11

> *If you believe that the teacher, not the students, should be the focus*
> *of the classroom experience, it is unlikely that clickers will work*
> *well for you.*
>
> Carl Wieman

11.1 Technische Probleme

Lernen die Technik zu bedienen ist ein vergleichsweise einfacher Teil des Einstiegs in *Peer Instruction*. Dennoch kann die Technik im Einsatz gelegentlich zu Herausforderungen führen. Erfahrungsgemäß treten folgende technische Schwierigkeiten auf: Signale von Clickern werden nicht empfangen und – sehr selten – die Software startet oder findet die Basisstation nicht.

Clicker zeigen in der Regel an, ob die gesendete Antwort von der Basisstation empfangen wurde. Falls einige Clicker nicht erfolgreich senden können, ist dies meistens darauf zurückzuführen, dass der Sendekanal falsch eingestellt ist. Clicker verfügen über unterschiedliche Kanäle, damit sie mit verschiedenen Basisstationen eingesetzt werden können. Dadurch wird es möglich, dass *Peer Instruction* in zeitlich parallelen und räumlich benachbarten Lehrveranstaltungen stattfinden kann, ohne dass Interferenzen auftreten.

Der Sendekanal kann am Gerät mit entsprechender Tastenkombination eingestellt werden. Oft ist die Tastenkombination etwas komplex, um zu erschweren, dass Studierende versehentlich den Sendekanal ändern. Lehrende sollten daher die erforderliche Tastenkombination griffbereit haben, um im Bedarfsfall den Sendekanal korrekt einstellen zu können.

Sollte die Software zum Einsammeln der studentischen Antworten einmal nicht starten oder keine Verbindung zur Basisstation aufbauen, ist es vernünftig nicht lange zu versuchen, das Problem in der Lehrveranstaltung zu beheben. Es ist in diesem Fall besser auf Handabstimmung als Notfalllösung auszuweichen und wie in Abschn. 8.6 erläutert zu verfahren.

© Springer-Verlag GmbH Deutschland, ein Teil von Springer Nature 2019
P. Riegler, *Peer Instruction in der Mathematik*,
https://doi.org/10.1007/978-3-662-60510-3_11

Lehrende, die Technologie für *Peer Instruction* einsetzen wollen und sich unsicher fühlen, sind gut beraten, wenn sie zum ersten Einsatz einen Experten dazu bitten. Das kann eine Person aus dem lokalen Hochschuldidaktikzentrum oder ein erfahrener Kollege sein. Diese können nicht nur bei Bedarf technische Hilfestellung leisten, sondern auch Feedback und wertvolle Tipps geben.

11.2   Nichtbeteiligung an Peer Instruction

Es ist unwahrscheinlich, dass die Mehrheit der Studierenden sich nicht an *Peer Instruction* beteiligt. In der Regel schätzen Studierende die Lernmöglichkeiten, die *Peer Instruction* für sie bietet. Dennoch kann es vorkommen, dass einzelne Studierende sich nicht beteiligen. Dies betrifft besonders die *Peer*–Phase. Oft sind dies Studierende, die isoliert sitzen. Während der *Peer*–Phase haben sie dann keine Sitznachbarn zum Diskutieren, solange sie sich dazu nicht aktiv im Raum bewegen.

Die Ursachen für diese Selbstisolation können vielfältig sein. Dieses Verhalten lässt sich u. a. bei ausländischen Studierenden und Studierenden mit Sprachschwierigkeiten beobachten. Lehrende können versuchen, solche Studierende für *Peer Instruction* zu gewinnen, indem sie sich ihnen als Diskussionspartner anbieten. Alternativ können sie die Studierenden auffordern, die aktuelle Fragestellung mit einer anderen isoliert sitzenden Person zu diskutieren. Nicht selten führt dies dazu, dass diese Studierenden nach einiger Zeit nicht mehr isoliert im Hörsaal sitzen oder sogar Anschluss finden.

Eine weitere, manchmal beobachtbare Form von Nichtbeteiligung äußert sich darin, dass Studierende sich während der *Peer*–Phase mit ihrem Smartphone beschäftigen oder im Internet surfen, ohne sich an der Diskussion zu beteiligen. Dies kann zum einen daran liegen, dass die Diskussion bereits beendet ist und diese Studierende die Zeit aus ihrer Sicht sinnvoll nutzen wollen. Anders ist die Sachlage, wenn eine einzelne Person sich so verhält, während die Mitstudierenden um sie herum die *Peer–Instruction*-Frage diskutieren. Dann ist es sinnvoll, diese Person direkt mit einer Frage der Art „Warum ist Ihnen das gerade wichtig?" anzusprechen. Das resultierende Gespräch bietet die Chance die Beweggründe zu erfahren (z. B. Überforderung) und Hilfe anzubieten oder zu vermitteln (Tolman und Kremling 2017).

Falls der erstgenannte Fall häufig auftritt, ist dies ein Zeichen dafür, dass die Dauer der *Peer*–Phase zu lange bemessen ist. Wenn eine merkliche Zahl Studierender offensichtlich *off–task* ist, ist dies ein Hinweis für Lehrende, diese Phase zu Ende zu bringen. Trifft dies nur auf eine einzelne Gruppe zu, können Lehrende mit Fragen der Art „Zu welchem Ergebnis sind Sie denn gekommen?" den Gesprächsfaden wieder aufgreifen und zudem so eine Gelegenheit schaffen, Studierenden zuzuhören.

Auch Sagredo kennt aus seinen Veranstaltungen, dass Studierende mobile Endgeräte offensichtlich nicht für Lehrveranstaltungszwecke nutzen: „Ich frage mich schon, warum sie überhaupt in die Lehrveranstaltung kommen. Ich empfinde das mir gegenüber als respektlos. Einmal waren zwei Studieninteressierte bei mir in der Vorlesung. Danach haben sie sich bedankt und sich dabei verwundert gezeigt, dass einige Studenten Videos angeschaut haben. Sie empfanden das wie ich als respektlos und außerdem als störend, weil sie durch die bewegten Bilder ständig abgelenkt wurden. Manchmal erzähle ich in einer Lehrveranstaltung diese Begebenheit und beobachte dann regelmäßig, wie Studierende ihr Mobilgerät wegpacken. Sie merken also, dass ihr Verhalten nicht in Ordnung ist. Leider hält die Wirkung nicht lange an." Auch geschickt platzierte Anekdoten können bewirken, dass Studierende lernhinderliches Verhalten zumindest zeitweise aufgeben.

Forschungsergebnisse weisen auf Faktoren hin, die die Beteiligung von Studierenden in der Lehrveranstaltung begünstigen und die Nutzung elektronischer Geräte für Nichtveranstaltungszwecke reduzieren (Ulstrup 2019): Die Bemühungen und Arbeitsergebnisse von Studierenden sind sichtbar für andere. Sie führen zu Feedback durch Lehrende oder Kommilitonen. Das Geschehen in der Lehrveranstaltung ist abwechslungsreich. Studierende haben den Eindruck, dass Lehrenden an ihrem Lernfortschritt gelegen ist. *Peer Instruction* erfüllt diese Faktoren fast auf natürliche Weise.

11.3 Peer–Instruction–Zyklus klappt nicht

Peer Instruction ist eine stark strukturierte und doch flexible Lehrmethode. Das garantiert jedoch nicht, dass jeder *Peer–Instruction*–Zyklus so wie in Kap. 2 beschrieben funktionieren wird. Das ist für den Erfolg von *Peer Instruction* auch nicht nötig. Niemand ist perfekt.

Sollte *Peer Instruction* bei Ihnen allerdings so gut wie nie funktionieren, ist dies Anlass für eine kritische Analyse. Suchen Sie die Schuld nicht in der Methode, sondern in der Implementierung! Sehr wahrscheinlich wird eine wesentliche Ursache in der Qualität der verwendeten Fragen liegen. In Abschn. 4.2 finden Sie beschrieben, wie wirksame *Peer–Instruction*–Fragen beschaffen sein sollten. In keinem Fall wird es schaden, eine Person um Rat zu fragen, die in *Peer Instruction* erfahren ist.

Geben Sie in Ihrer Lehrveranstaltung *Peer Instruction* auf jeden Fall die Zeit zur Entwicklung, die es braucht. *Peer Instruction* unterstützt Lernprozesse, erfordert aber auch einen Lernprozess – bei Studierenden wie Lehrenden. Studierende werden zwar erfahrungsgemäß schnell mit *Peer Instruction* vertraut, und doch braucht es einige Zeit bis die Gespräche in der *Peer*–Phase wirklich fruchtbar werden. Für Lehrende besteht der Lernprozess dagegen manchmal darin, die Verantwortung für das Lernen (wieder) an die Studierenden zu geben und sich erst mal – mindestens bis zur Expertenphase – zurückzunehmen.

Sobald Studierende mit *Peer Instruction* vertraut sind, kann leider eine andere Problematik auftreten: Viele wollen schon in der Individualphase diskutieren; schon Sekunden nach dem Start der ersten Abstimmung sind im Hörsaal leise Fachgespräche zu vernehmen.

Zu früher Austausch unter den Studierenden und damit ein effektives Aussparen der Individualphase dürfte meistens nicht angebracht sein, wenn nicht sogar nachteilig sein. Das ist z. B. dann der Fall, wenn die Aufgabenstellung das Entwurfsmuster *Elicit–Confront–Resolve* nutzt, also die Aufgabe Studierende in einen kognitiven Konflikt führen will. Daher ist es für Lehrende ratsam zu reagieren. Dauerhaft wird wohl nichts anderes helfen, als die Studierenden regelmäßig durch die Formulierung der Fragestellung daran zu erinnern, dass sie die Fragestellung zunächst alleine durchdenken und beantworten sollen. Notfalls müssen Sie sie bei aufkommenden Diskussionen ermahnen, zunächst alleine zu überlegen. Sie können ja darauf hinweisen, dass es Zeit für Diskussionen geben wird, wenn das Abstimmungsergebnis dies notwendig erscheinen lässt.

Sobald Studierende anfangen, die Individualphase überspringen zu wollen, können Sie dies auch zum (ggf. erneuten) Anlass nehmen, um ihnen zu erklären oder gemeinsam mit ihnen zu analysieren, weshalb es wichtig ist, dass sie zuerst alleine nachdenken. Im Übrigen können Sie das studentische Verhalten als Bestätigung sehen, wie wichtig soziale Aspekte des Lernens sind und wie sehr Studierende die Diskussion schätzen.

11.4 Alles gut?

Sie haben *Peer Instruction* erfolgreich in einer Lehrveranstaltung implementiert. Wird Lehre nun ein Kinderspiel? Vermutlich nicht. Aber Sie haben wichtige und hilfreiche Schritte auf dem immer fortwährenden Weg zu „guter", d. h. wirksamer Lehre gemacht – und möglicherweise einen Schritt in Richtung relevanter Forschung.

Peer Instruction ist mehr als eine Lehrmethode. *Peer Instruction* ist gewissermaßen auch eine Forschungsmethode. *Peer Instruction* erlaubt es herauszufinden, welche Aspekte des Stoffes Studierenden Schwierigkeiten bereiten, um ihnen dann die bestmögliche Hilfe zu bieten, diese Schwierigkeiten zu überwinden. Dies zu tun, ist als zentraler Baustein wirksamer Lehre bekannt (Ramsden 2003).

In den vergangen Jahren hat die Erforschung der Lehre an Hochschulen auf einer großen Bandbreite von disziplinbezogener hochschuldidaktischer Forschung bis hin zu *Scholarship of Teaching and Learning* an Bedeutung gewonnen. Wie in allen akademischen Bereichen ist es wertvoll, über die eigene Arbeit zu berichten und in einen Austausch zu treten. Wie wohl kaum eine andere Lehrmethode profitiert *Peer Instruction* von Lehrenden, die ihre Aufgaben austauschen (vgl. Abschn. 6.8), die mit *Peer Instruction* täglich die Schwierigkeiten der Studierenden erforschen und die mit klugen Forschungsdesigns die Wirksamkeit und Wirkfaktoren von *Peer Instruction* untersuchen (vgl. Kap. 3).

Und zuletzt, aber nicht am wenigsten neben all den Vorteilen für die Lehre, hat *Peer Instruction* einen nicht unwesentlichen Nebeneffekt: *Peer Instruction* macht Spaß. *Peer Instruction* wird Ihnen Spaß machen.

Literatur

Ramsden, P. (2003). *Learning to teach in higher education*. London: Routledge.

Tolman, A. O. & Kremling, J. (Hrsg.). 2017. *Why students resist learning: A practical model for understanding and helping students*. Sterling: Stylus.

Ulstrup, E. 2019 Recurrent waves of blue Facebook screens during courses. In *Proceedings of Euro-SoTL19: Exploring new fields through the scholarship of teaching and learning*, S. 262–265, Bilbao.

Häufig gestellte Fragen

12

Kann so etwas auch in der Klausur drankommen?

12.1 Logistik und Integration in die Lehrveranstaltung

Wie hoch ist der Arbeitsaufwand, um Peer Instruction in eine Lehrveranstaltung zu integrieren?

Peer Instruction ist eine Lehrmethode mit gutem Aufwand–Nutzen–Verhältnis. Der Aufwand hat zwei wesentliche Anteile: Sich mit eventuell verwendeter Technologie vertraut machen und Fragestellungen für *Peer Instruction* erstellen bzw. auswählen. Der einmalige Zeitbedarf für die Einarbeitung in die Technologie liegt im Bereich einiger Stunden. Der Zeitbedarf für die Fragestellungen hängt stark davon ab, ob und zu welchem Grad Sie diese aus bestehenden Fragensammlungen (s. Abschn. 6.8) auswählen können. Wenn Sie *Peer–Instruction–*Fragen selbst schreiben, werden Sie mit etwas Übung nicht mehr als fünf Minuten je Aufgabe benötigen. Eine gute Zeitinvestition stellt sicherlich die Teilnahme an einem guten, etwa eintägigen *Peer–Instruction–*Workshop, z. B. in Ihrem Hochschuldidaktikzentrum, dar.

Wie kommen Clicker in den Hörsaal?

Bei Clickern im engeren Sinne stellt sich die Frage der Bereitstellung für die Lehrveranstaltung, wenn diese von der Hochschule beschafft werden. Bei festinstallierten Systemen sind sie natürlich bereits vorhanden. Bei der Verwendung von Mobiltelefonen und portablen Rechnern bringen die Studierenden die Endgeräte selbst mit. An nordamerikanischen Universitäten bringen Studierende Clicker ebenfalls selbst mit, weil von ihnen erwartet wird, dass sie diese Endgeräte selbst kaufen.

© Springer-Verlag GmbH Deutschland, ein Teil von Springer Nature 2019
P. Riegler, *Peer Instruction in der Mathematik*,
https://doi.org/10.1007/978-3-662-60510-3_12

Um Clicker im Hochschulbesitz bereitzustellen haben sich verschiedene Verfahren bewährt:

- Die Clicker werden von einem Mitarbeiter oder einer studentischen Hilfskraft vor der Veranstaltung an einer zentralen Ausgabestelle der Fakultät abgeholt und in den Hörsaal und danach wieder zurück gebracht.
- Lehrende bringen die Clicker selbst mit. Abhängig von der Größe der Clicker können durchaus um die 100 Geräte bequem in Transporttaschen getragen werden, die viele Hersteller dazu anbieten.
- Die Clicker werden im Hörsaal deponiert, z. B. in einem abschließbaren Schrank.

In all diesen Fällen ist es sinnvoll, die Transporttaschen mit den Clickern an den Eingängen des Hörsaals geöffnet zu platzieren. Die Studierenden können sich so beim Betreten des Raums ein Gerät nehmen und beim Verlassen wieder in die Transporttasche stecken.

Wenn Clicker in sehr vielen Lehrveranstaltungen einer Kohorte genutzt werden, ist es denkbar, die Geräte ein Semester oder länger an die Studierenden zu verleihen. Maßnahmen zur Bereitstellung in jeder Lehrveranstaltung würden dadurch entfallen.

Wie viele Clicker gehen kaputt oder verschwinden?
Wenn Clicker in den Hörsaal gebracht werden, so dass Studierende sich zu Beginn einer jeden Veranstaltung ein Gerät nehmen und danach wieder abgeben, kann es gelegentlich passieren, dass einige Studierende vergessen, die Geräte am Ende der Veranstaltung abzugeben. Sie bringen sie dann erfahrungsgemäß zur nächsten Veranstaltung mit und geben sie danach ab. Es gibt praktisch keinen Anlass Clicker zu entwenden, da sie außerhalb der Lehrveranstaltung keinen Nutzen haben.

Erfahrungsgemäß verschwinden auch in einem Zeitraum von mehreren Jahren keine Clicker dauerhaft. Ähnlich verhält es sich mit der Lebensdauer der Geräte. In einem Zeitraum von zehn Jahren sollten weniger als 1 % kaputt gehen. Der Wartungsaufwand beschränkt sich auf das Austauschen der Batterien.

Manche Clicker können personalisiert werden. Ist das sinnvoll?
Personalisieren bedeutet, dass jeder Clicker eindeutig einer Person zugewiesen ist. Lehrende verfügen somit über die Information, wie bestimmte Personen konkret geantwortet haben. Clicker ohne triftigen Grund zu personalisieren ist nicht ratsam, weil es die von manchen Studierenden geschätzte Anonymität aufhebt und weil Studierende sich überwacht fühlen könnten.

Besonders in Nordamerika verwenden manche Lehrende personalisierte Clicker mit dem Ziel, die Teilnahmerate an ihrer Lehrveranstaltung zu erhöhen. Durch das Beantworten von Fragen mittels Clicker können sich Studierende dann Punkte verdienen, die zur Prüfungsleistung hinzugezählt werden. Dieses Vorgehen kann leicht dazu führen, dass mehr Clicker als

Studierende an der Lehrveranstaltung teilnehmen, denn säumige Studierende bitten Kommilitonen ihre Clicker mitzunehmen und für sie abzustimmen.

Ist es sinnvoll, Studierenden Punkte oder Teilnahmepunkte für das Beantworten von Fragen zu geben?
Um Punkte vergeben zu können, müssen Clicker personalisiert sein, was Nachteile nach sich ziehen kann (s. vorausgehende Frage). Punkte zu vergeben kann im Konflikt mit dem Ziel stehen, in der Lehrveranstaltung eine fehlertolerante Atmosphäre zu erzeugen.

Wenn Sie wirklich Punkte vergeben wollen, sollten Sie dies nicht alleine für korrekte Antworten tun, den *Peer Instruction* lebt von Kontroverse und damit von der Möglichkeit mit seiner Antwort falsch zu liegen. Lehrende, die Punkte vergeben, versuchen daher oft neben der Korrektheit der Antwort die Beteiligung zu belohnen, z. B. durch einen Punkt für jegliche Antwort und zwei Punkten bei korrekter Antwort (Wieman 2017).

Bis zu welcher Studierendenzahl kann Peer Instruction eingesetzt werden?
Peer Instruction ist eine der wenigen Lehrmethoden, die studentisches Lernen fördert, ohne dass der Aufwand mit der Anzahl der Studierenden merklich steigt. Auch in Lehrveranstaltungen mit über 500 Teilnehmern kommt *Peer Instruction* problemlos zum Einsatz. Eine mögliche Begrenzung stellt das Einsammeln und Auswerten der Abstimmdaten dar, wenn keine elektronischen Abstimmgeräte verwendet werden. Bei der Verwendung von Clickern ist allenfalls ab einer gewissen Raumgröße oder Teilnehmerzahl ein weiterer Empfänger notwendig.

Lohnt es sich Peer Instruction in kleinen Kursen einzusetzen?
Die Vorteile von *Peer Instruction* sind nicht auf teilnehmerstarke Kurse beschränkt. Wenn auch nur einige der in Kap. 1 genannten Eigenschaften und Ziele von *Peer Instruction* auf Ihren kleinen Kurs zutreffen, haben Sie gute Gründe *Peer Instruction* dort einzusetzen. Darüber hinaus gibt es starke Hinweise, dass generell die Wirksamkeit aktivierender Methoden mit abnehmender Teilnehmerzahl sogar zunimmt (Freeman et al. 2014).

12.2 Durchführung

Wie häufig sollte ich Peer Instruction im Semester und während eines Lehrveranstaltungstermins einsetzen?
Peer Instruction ist keine gelegentliche Lehrintervention und sollte regelmäßig eingesetzt werden, um wirksam zu werden. Auch wenn Studierende sich erfahrungsgemäß schnell begeistert an *Peer Instruction* beteiligen, dauert es eine Weile, bis die fehlertolerante Atmosphäre, die *Peer Instruction* benötigt und ermöglicht, geschaffen ist. Machen Sie *Peer Instruction* also zu einer regelmäßigen Komponente Ihrer Lehrveranstaltung. Wenn Sie

Peer Instruction dagegen als gelegentliche, aber letztendlich unwichtige Methodeneinlage sehen, werden dies auch Ihre Studierenden so sehen.

Stellen Sie pro 60 min Vorlesungszeit zwei bis vier *Peer–Instruction*–Fragen. Diese sollten in der Regel nicht am Block, sondern verteilt gestellt werden. So erreichen Sie gleichzeitig einen aufmerksamkeitsfördernden Lehrmethodenmix. Wenn Sie *Peer Instruction* zum ersten Mal einsetzen, können Sie auch mit ein bis zwei Fragen je Vorlesungstermin starten und die Anzahl erhöhen, sobald Sie sich vertrauter mit der Methode fühlen.

Wie lange dauert die Durchführung einer Peer Instruction–Frage?

Individualphase und *Peer*–Phase zusammen dauern in der Regel zwei bis fünf Minuten. Die Dauer der Expertenphase hängt insbesondere davon ab, wie viele Rückfragen oder weitergehende Fragen von Studierenden kommen. Sie kann sich daher über einen Zeitraum von einer Minute bis hin zu zehn Minuten oder mehr erstrecken.

Muss ich mich an das Ablaufdiagramm halten?

Ablaufdiagramme für *Peer Instruction* wie das in Abb. 2.5 sollten deskriptiv und nicht präskriptiv verstanden werden. Sie stellen den *typischen* Ablauf von *Peer Instruction* dar, von dem didaktisch begründet abgewichen werden kann. Beispielsweise kann es angebracht sein, in die *Peer*–Phase zu gehen, obwohl niemand die richtige Antwort gewählt hat. Diese Abweichung vom Ablaufdiagramm ermöglicht Ihnen, in dieser Phase den Diskussionen Ihrer Studierenden zuzuhören und so zu erfahren, welches Denken zur Wahl der falschen Antworten geführt hat (s. auch Kap. 3).

Die in Ablaufdiagrammen wie Abb. 2.5 oft angegebenen numerischen Entscheidungskriterien (z. B. nicht in die *Peer*–Phase gehen, wenn der Anteil richtiger Antworten größer als 70 % ist) sind als Richtwerte zu verstehen. Es kann lohnend sein, in die *Peer*–Phase zu geben, obwohl das Entscheidungskriterium dagegen spricht. Umgekehrt sollte allerdings vermieden werden, eine Phase wegzulassen, wenn das Ablaufdiagramm für die Durchführung dieser Phase spricht. Hinsichtlich der Auswirkungen des Weglassens von *Peer–Instruction*–Phasen auf die Wirksamkeit siehe auch Kap. 3.

Sollte man die Aufgabenstellung vorlesen?

In der Regel ist es am besten, wenn die Studierenden den Fragentext selbst lesen. So haben sie die Möglichkeit, diesen in der für sie passenden Geschwindigkeit zu erfassen, was beim Vorlesen durch den Dozenten nicht unbedingt der Fall ist. Außerdem kann es passieren, dass Lehrende durch Intonation beim Vorlesen unbeabsichtigt Hinweise geben. Der Text mancher Fragestellungen ist schlichtweg zu umfangreich, um ganz vorgelesen zu werden. Frage P36 in Abschn. 6.2 gehört sicherlich in diese Kategorie.

Es kann jedoch Situationen geben, die ein Vorlesen der Aufgabenstellung sinnvoll machen (vgl. Abschn. 2.2). Ein Mittelweg besteht darin, die Aufgabenstellung vorzulesen oder zu paraphrasieren und die Studierenden die Antwortmöglichkeiten selbst lesen zu lassen.

Wie viel Antwortzeit sollte ich geben?
Studierende benötigen in der Regel mehr Zeit zum Beantworten von Fragen als sich Dozenten vorstellen können (vgl. Abschn. 2.2). Fangen Sie mit 90 bis 120 s an. Erfahrungsgemäß nimmt die benötige Zeit im Laufe eines Kurses ab. Auch Studierende müssen erst lernen, mit dem Format *Peer Instruction* zu arbeiten.

Wenn Sie Clicker verwenden, können Sie während der laufenden Abstimmung sehen, wie viele Studierende bereits geantwortet haben. Benutzen Sie diese Information, um ggf. die Antwortzeit zu justieren. Verlängern Sie die Antwortzeit, wenn vor Ablauf der von Ihnen voreingestellten Dauer viele noch nicht geantwortet haben. Verkürzen Sie die Zeit, wenn vor Ablauf der Antwortzeit schon praktisch alle geantwortet haben.

Warten Sie nicht unbedingt darauf, dass alle Studierenden geantwortet haben. Dies könnte dazu führen, dass Studierende, die bereits geantwortet haben, sich langweilen oder sich mit ihrem Smartphone beschäftigen, um die Zeit vermeintlich zu nutzen.

Soll ich die Verteilung der Antworten zeigen oder lieber nicht?
Wenn Sie es technisch bewerkstelligen können, ist es sinnvoll, die Verteilung der Antworten der Individualphase nicht zu zeigen. Andernfalls besteht die Gefahr, dass einige Studierende die am meisten genannte Antwortoption für die richtige halten (Perez et al. 2010).

Wie viel Zeit sollte ich für die Peer–Phase geben?
Eine feste Zeitdauer ist sicher nicht angebracht. Orientieren Sie sich an Signalen wie dem Geräuschpegel oder dem Anteil der Studierenden, die offensichtlich nicht mehr über die Frage diskutieren, etwa weil sie sich ihrem Mobiltelefon zuwenden. Wenn der Geräuschpegel abnimmt oder der Anteil solcher Studierender zunimmt, ist es Zeit zur zweiten Abstimmung aufzufordern. Meist liegt die Zeitdauer für die *Peer*–Phase im Bereich von ein bis drei Minuten.

Wird es nicht laut? Ich habe Sorge, dass ich die Aufmerksamkeit nicht wieder auf mich richten kann.
Wenn ein Hörsaal voller Studierender engagiert diskutiert, kann es natürlich laut werden. Falls die Lautstärke Ihrer Stimme nicht ausreicht, sich Gehör zu verschaffen, verwenden Sie eine Fahrradhupe oder ein Spielzeug, das laute Geräusche macht, um das Ende der *Peer–Instruction*–Phase akustisch einzuläuten. Es gibt Clickersoftware, die man so konfigurieren kann, dass einige Sekunden vor Ende der Abstimmzeit ein lautes Signal ertönt. Statt einer Fahrradhupe oder einem geräuschvollen Spielzeug können Sie auch einfach eine Audiodatei von Ihrem Rechner abspielen.

Was mache ich, wenn die Mehrheit der Studierenden meine Peer Instruction–Frage(n) falsch beantwortet?
Wenn dies nur in der Abstimmung nach der Individualphase geschieht, läuft die *Peer Instruction* bei Ihnen nach Plan, denn die *Peer*–Phase trägt dann Früchte. Wenn dies in der Abstim-

mung nach der *Peer*–Phase auftritt, sehen Sie das Ereignis als Auftrag, in der Plenumsphase möglichst viel zu erfahren, worin die Schwierigkeit für Ihre Studierenden besteht. Wenn dies sehr häufig bei Ihren Fragen auftritt, ist es ein Zeichen dafür, dass die Studierenden überfordert sind bzw. die Aufgaben zu schwer sind. Dann ist es wohl angebracht mit einfacheren Fragen zu reagieren. Suchen Sie auch nach Möglichkeit das Gespräch mit einem erfahrenen *Peer–Instruction*–Nutzer.

Peer Instruction kostet viel Zeit. Reicht es nicht aus, nur die Individualphase durchzuführen und die anderen Phasen wegzulassen?
Die Methode heißt nicht ohne Grund *Peer Instruction*! Der Austausch mit den *Peers,* also den Kommilitonen, ist von besonderer Bedeutung, s. Abschn. 2.2 bzgl. Details.

Zudem belegen verschiedene Untersuchungen, dass ein Weglassen von *Peer*- oder Expertenphase nachteilig sind (s. Kap. 3). Es wäre nicht einmal sinnvoll die Individualphase zu Gunsten der anderen beiden Phasen wegzulassen, um Zeit zu sparen. Eine wesentliche Komponente der Aktivierung Studierender bei *Peer Instruction* besteht nämlich darin, dass sich jede Person zunächst einmal selbst mit der Fragestellung auseinandersetzt. Nur so wird bspw. Studierenden mit hoher Wahrscheinlichkeit bewusst, dass sie ein unzureichendes Konzeptverständnis haben (vgl. Abschn. 5.2).

Die Studierenden sitzen so dicht im Hörsaal, dass ich nicht an sie herankomme. Ist unter solchen Bedingungen Peer Instruction möglich?
Ja, obwohl die Bedingungen sicher nicht ideal sind. Leider erschweren es die räumlichen Bedingungen in dicht besetzten Hörsälen, dass Sie den Studierenden bei deren Diskussionen zuhören können. Bei den Studierenden, die am Rand sitzen, ist dies allerdings selbst dann möglich. Wenn der Hörsaal nur zum Teil voll ist, können Sie die Studierenden bitten sich so zu setzen, dass jede dritte Reihe frei ist. Dann haben Sie Zugang zu allen Studierenden und können bei jeder *Peer*–Diskussion zuhören.

Häufig sitzen die guten Studierenden neben den guten und die schlechten neben den schlechten. Wie kann da Peer Instruction stattfinden?
Die Untersuchungen von Smith et al. (2009) (vgl. Abschn. 3.1) geben einen starken Hinweis, dass in einer solchen Konstellation trotzdem fruchtbare *Peer Instruction* stattfinden kann. Eine räumliche Gleichverteilung von „guten" und „schlechten" Studierenden ist nicht notwendig, aber sicherlich hilfreich. Es gibt mehrere Möglichkeiten dazu beizutragen.

Lehrende können in der Anmoderation der *Peer–Instruction*–Phase ihre Studierenden explizit bitten, jemanden im Raum zu suchen, der anders geantwortet hat. Dies ist natürlich nur in Räumen möglich, die dies erlauben, bringt aber nebenbei eine weitere aktivierende und möglicherweise konzentrationsfördernde Komponente mit sich: sich bewegen. Wenn der Raum dieses Vorgehen nicht erlaubt, kann es schon genügen die Studierenden zu bitten, nicht nur mit den Kommilitonen in ihrer Sitzreihe zu diskutieren, sondern sich auch mal zur Reihe hinter ihnen umzudrehen.

Eine weitere Möglichkeit besteht darin einen expliziten Arbeitsauftrag für den Fall zu formulieren, dass alle Gesprächspartner in der Individualphase dieselbe Antwort gewählt haben, z. B. der Art

> „Erläutern Sie Ihre Gedanken und fragen Sie Ihre Nachbarin / Ihren Nachbarn nach deren Gedanken, auch wenn Sie in Ihrer Antwort übereinstimmen."

Wenn es vorteilhaft ist, dass Studierende sich gegenseitig Konzepte erklären, warum dann nicht einfach ein oder zwei leistungsstarke Studierenden bitten, es allen anderen zu erklären?

Das würde möglicherweise eher zu erlernter Hilflosigkeit führen: Studierende lernen, dass sie für ihr Lernen immer eine wissende Person brauchen. Dass Studierende, die ein Konzept gerade erst verstanden haben, dieses mitunter besser erklären können als Experten, ist nur ein Aspekt von *Peer Instruction*. Ein weiterer wesentlicher Aspekt ist der Wechsel aus dem Modus des passiven Zuhörens in einen Modus des aktiven Selbstdenkens. Wenn leistungsstarke Studierende beauftragt werden, an Stelle der Lehrenden die Konzepte zu erklären, ist diesbzgl. nichts gewonnen.

Manchmal verstummen Studierende, wenn ich in der Peer–Phase ihrer Diskussion zuhören will. Ist es daher nicht besser, nicht im Hörsaal herumzugehen und nicht bei den Diskussion zuhören zu wollen?

Vermutlich würden Sie auch verstummen, wenn eine Person, die Sie als Autorität betrachten, in die Nähe Ihrer Gesprächsgruppe kommt. Meist hilft ein „Lassen Sie sich nicht stören, ich höre nur zu", und die Studierenden setzen ihre Diskussion fort.

Was mache ich mit Studierenden, die sich in der Peer–Phase nicht an der Diskussion beteiligen wollen?

Interpretieren Sie dies nicht unbedingt als Zeichen, dass sich diese Personen nicht für Ihre Lehrveranstaltung interessieren. Möglicherweise beteiligen sie sich auf Grund von Sprachschwierigkeiten nicht an der Diskussion, oder weil sie den Kontakt mit den Kommilitonen scheuen.

Es hilft oft in solchen Fällen, wenn Sie sich solchen Studierenden als Diskussionspartner anbieten, vgl. Abschn. 11.2. Wenn sich einzelne Personen allerdings dauerhaft nicht beteiligen, ist wohl die beste Option, dies zu akzeptieren.

12.3   Wirksamkeit und Bedenken

Wenn sich die Studierenden die Dinge erklären, habe ich Angst, dass sie sie sich falsch erklären. Und ist es nicht meine vornehmste Aufgabe als Experte die Dinge zu erklären?

Studierende werden sich ohnehin die Dinge gegenseitig erklären – außerhalb der Lehrveranstaltung. Wenn Sie Sorge haben, dass dabei etwas schief gehen kann, ist es sicherlich sinnvoller, wenn Sie Situationen, in denen sich Studierende gegenseitig etwas erklären, ein Stück weit kontrollieren können. *Peer Instruction* ermöglicht Ihnen das.

Studierenden Dinge zu erklären setzt voraus, dass diese aufnahmebereit für die Erklärung sind. Eine solche *Time for Telling* ist nicht alleine dadurch gegeben, dass die Studierenden im Hörsaal sitzen. *Peer Instruction* ermöglicht *Time for Telling* zu erzeugen (vgl. Abschn. 2.2).

Sicherlich ist es Ihre Aufgabe als Experte oder Expertin den Stoff zu erklären. Wie so häufig macht allerdings die Dosis das Gift. Toxisch wird diese Haltung, wenn den Studierenden dadurch die Verantwortung für ihren Lernprozess genommen wird. Irgendwann in ihrem Leben werden sie in Situationen geraten, in denen sie sich Dinge weitestgehend ohne die Präsenz eines Experten aneignen müssen.

Ist Peer Instruction nicht Nachhilfe für leistungsschwache durch leistungsstarke Studierende?

Verschiedene Untersuchungen (Smith et al. 2011; Direnga et al. 2015) legen nahe, dass leistungsschwache wie leistungsstarke Studierende von sogenannten *Interactive Engagement*–Methoden (Hake 1998) profitieren. Dies sind aktivierende Methoden, die wie *Peer Instruction* die Studierenden zum Denken anregen und den Austausch zwischen Studierenden nutzen.

Welche Gruppe von Studierenden profitiert besonders von Peer Instruction?

Alle Studierenden profitieren von *Interactive Engagement*–Methoden wie *Peer Instruction* (s. vorausgehende Frage). Im Vergleich ist der Effekt für leistungsstärkere Studierende größer (Direnga et al. 2015).

Peer Instruction kostet viel Zeit. Wie soll ich da meinen Stoff durchbringen?

Viele Lehrende kombinieren *Peer Instruction* mit *Just in Time Teaching*. Bei dieser Lehrmethode wird u. a. die Stoffpräsentation auf das Selbststudium der Studierenden verlagert und so Zeit gewonnen. Details sind in Kap. 10 beschrieben.

12.4   Formulieren von Fragen

Sollte ich immer die Antwortoption „Weiß nicht" verwenden?
Nein, denn das kann Studierende dazu verleiten, stereotyp diese Antwortoption in der Individualphase zu wählen, weil dieses Verhalten ihnen das Nachdenken über die Frage erspart. Verwenden Sie diese Antwortoption spärlich und nur dann, wenn sie einen Mehrwert für Sie bietet. Das kann z. B. dann der Fall sein, wenn Sie sicher wissen wollen, wie viele Studierende nicht die geringste Idee haben, wie die Fragestellung beantwortet werden sollte (s. auch Abschn. 6.4).

Wo finde ich Fragen für Peer Instruction?
Verschiedene Webseiten und vereinzelt auch Verlage stellen Fragensammlungen zur Verfügung. Machen Sie am besten eine Internet-Suchanfrage. Abschn. 6.8 nennt einige Zugangspunkte.

12.5   Technologie

Was kosten Clicker?
Die Kosten hängen stark von Hersteller, Modell und Funktionsumfang ab und liegen im Bereich 30 € bis 100 €. Prüfen Sie vor der Anschaffung kritisch, ob Sie wirklich Clicker-Funktionalitäten benötigen, die über *Multiple Choice* hinausgehen. Einfachere Geräte machen in der Regel weniger Probleme.

Warum sollte man Clicker verwenden, wenn die Studierenden ihre Mobiltelefone benutzen können?
Ein wichtiger Grund könnte sein, dass Sie nicht wollen, dass Studierende während der Lehrveranstaltung ihre Mobiltelefone benutzen – für andere Zwecke als *Peer Instruction*. Wenn Studierende ihre Mobiltelefone als Abstimmgeräte verwenden, ist es buchstäblich für sie naheliegend, mit ihnen auch gleich soziale Medien oder E–Mail zu checken. Überlegen Sie sich, ob Sie dies wollen.

Ein weiterer möglicher Grund gegen die Verwendung von Mobiltelefonen als Abstimmgeräte besteht darin, dass bei technischen Problemen, etwa wenn Studierende die benötigte App nicht installieren können, Lehrende die natürlichen Ansprechpersonen bei der Problembehebung sind. Auch hier gilt: Überlegen Sie sich, ob Sie die Rolle des technischen Supports einnehmen können oder wollen (s. auch Abschn. 8.3).

Was mache ich, wenn die Technik nicht funktioniert?
Sollte die Software zum Einsammeln der studentischen Antworten einmal nicht funktionieren, dann versuchen Sie nicht lange, das Problem während der Lehrveranstaltungszeit zu beheben. Analysieren Sie das Problem in Ruhe nach der Lehrveranstaltung. Weichen Sie in

diesem Fall für den einen Lehrveranstaltungstermin auf Handabstimmung aus und verfahren wie in Abschn. 8.6 beschrieben.

Kann man auch Fragen stellen, bei denen mehr als eine Antwort richtig ist?
Einige Technologien, die *Peer Instruction* unterstützen, ermöglichen dies. Tab. 8.1 stellt diese gegenüber. Auch didaktische Gründe sprechen für die zumindest gelegentliche Verwendung von Fragen mit mehreren korrekten Antwortoptionen, s. Abschn. 6.6.

Sind neben Multiple Choice andere Aufgabenformate möglich?
Einige Clicker-Systeme erlauben numerische Antworten. Bei *Peer–Instruction*–Fragen, deren Antwortoptionen numerische Werte sind, kann man sich dann das Formulieren der Distraktoren sparen.

Manche Clicker-Systeme ermöglichen Studierenden anzugeben, zu welchem Grad sie sich sicher sind, dass ihre Antwort korrekt ist; s. Abschn. 6.6 bzgl. Details. Eine weitere, gelegentlich anzutreffende Funktionalität sind kurze Freitextantworten. Wegen der fehlenden Möglichkeit einer automatisierten Auswertung wird solche Funktionalität allenfalls bei Kursen mit geringer Teilnehmerzahl für *Peer–Instruction*–Zwecke vernünftig einsetzbar sein.

Literatur

Direnga, J., Brose, A., & Kautz, C. (2015). Auswirkung verschiedener Lehrformate auf das konzeptionelle Verständnis im Fach Statik. In F. Waldherr & C. Walter (Hrsg.), *Tagungsband zum 2. HD MINT Symposium 2015* (S. 216–223).

Freeman, S., Eddy, S. L., McDonough, M., Smith, M. K., Okoroafor, N., Jordt, H., et al. (2014). Active learning increases student performance in science, engineering, and mathematics. *Proceedings of the National Academy of Sciences*, *111*(23), 8410–8415.

Hake, R. R. (1998). Interactive-engagement versus traditional methods: A six-thousand-student survey of mechanics test data for introductory physics courses. *American Journal of Physics*, *66*(1), 64–74.

Perez, K. E., Strauss, E. A., Downey, N., Galbraith, A., Jeanne, R., & Cooper, S. (2010). Does displaying the class results affect student discussion during peer instruction? *CBE-Life Sciences Education*, *9*(2), 133–140.

Smith, M. K., Wood, W. B., Adams, W. K., Wieman, C., Knight, J. K., Guild, N., et al. (2009). Why peer discussion improves student performance on in-class concept questions. *Science*, *323*(5910), 122–124.

Smith, M. K., Wood, W. B., Krauter, K., & Knight, J. K. (2011). Combining peer discussion with instructor explanation increases student learning from in-class concept questions. *CBE-Life Sciences Education*, *10*(1), 55–63.

Wieman, C. (2017). *Improving how universities teach science: Lessons from the science education initiative*. Cambridge: Harvard University Press.

Stichwortverzeichnis

A

Ablaufdiagramm, 21, 144
Ableitung, 10, 12, 14, 61, 64, 65, 74, 75, 78, 85, 130
Ablenkungsrisiko, 111, 115, 136
Abstimmkarte, 107, 109, 116–117, 119
Abstimmsystem, 6, 90
Abstimmung
    anonymisierte, 45, 47, 55, 108, 113, 116, 122, 142
Alltagssprache, 43, 80
Änderungsrate, 72, 75, 82
Antwort
    Besprechen falscher, 15, 25, 46
Antwortenerfassung
    konsekutive, 117, 119
    simultane, 117
Antwortverteilung
    Zeigen der, 19, 123
Antwortzeit, 18
    Bemessen der, 18, 23, 45, 145
App, 108, 114, 117, 149
Assessment
    formatives, 81, 92
    summatives, 81, 92
Atmosphäre, fehlertolerante, 45–46, 55, 77, 100, 143
Audience Response System, 6
Aufgabe
    automatisch bewertbare, 131
    Mikrodiskussion, 105

Aufmerksamkeit schaffen, 23, 145
Aufwand-Nutzen-Verhältnis, 2, 141
Aussage, 59, 84, 86, 124
    quantifizierte, 60, 124
Aussageform, 59, 84, 86, 124
Auswahlaufgabe, 2, 16, 88–93, 110, 130, 149, 150

B

Basisstation, 6, 19, 112, 113, 135
Beweis, 69, 70, 87
Bijunktion, 80
    alltagssprachliche Formulierung, 65
Bildmenge, 66, 79
Binomialverteilung, 89, 122
Bologna–Prozess, 125
Bottleneck, 54, 94, 95
Bruchrechnen, 53

C

Chomsky–Normalform, 122
Classroom Response System, 6
Clicker, 5–6, 112–114
    Alternative zu, 47, 109
    Einsatzmöglichkeiten, 121–127
    Kosten, 149
    Logistik, 141–143
    Personalisierung, 113, 142
    technische Probleme, 135–136
Computeralgebrasystem, 130

© Springer-Verlag GmbH Deutschland, ein Teil von Springer Nature 2019
P. Riegler, *Peer Instruction in der Mathematik*,
https://doi.org/10.1007/978-3-662-60510-3

Concept Image, *siehe* Konzeptbild
ConcepTest, 73, 93
Constructive Alignment, 104–105, 132
Cramersche Regel, 71
Curriculum, verborgenes, 77

D
Decoding the Disciplines, 54, 95
Definition, 71, 85, 86
Definitionsmenge, 66, 81
Dekontextualiserung, 78
Denken, proportionales, 53
Diagnosefrage, 43, 82, 92
Diagnoseinstrument, 57, 58, 94
Differentialgleichung, 9–15, 30, 34, 43, 66, 73, 80
Differentialquotient, 63
Dissens, 15, 17, 19, 79
Distraktor, 58, 91, 95
    Formulieren von, 58, 82, 94, 126, 127, 150
Dual Process Theory, 52

E
Einstellung, *siehe* Haltung
Elicit–Confront–Resolve, 51–52, 82, 93, 123, 137
Entwurfsmuster, 75–87
    allgemeines, 75–85
    Grenzfall betrachten, 87
    inverse Fragestellung, 85
    Mathematik, 85–87
Evaluation einer Lehrveranstaltung, 99, 121
Expertenphase, 15, 17, 21, 24–26, 50, 96
    Weglassen von, 36, 42, 146
    Wirksamkeit, 36–38
Expertise
    didaktische, 54
    entschlüsseln, *siehe Decoding the Disciplines*
    Fluch der, 54
    Nachteil von, 14

F
Faktenfrage, 75
Feedback
    für Lehrende, 47, 57, 58, 130, 136
    für Studierende, 53, 57, 58, 123, 130

    zeitnahes, 2, 130
Fehler
    analysieren, 83
    finden, 47, 68, 69, 87, 90, 131
    klären, 51
    Lernen aus, 77, 89, 103
    Wert von, 20, 45–46, 64, 77, 89
Fehlkonzept, 16, 20, 46, 52–53, 82, 84, 86, 94
    Identifikation von, 94–95
Fehlvorstellung, *siehe* Fehlkonzept
Fourier-Analyse, 94
Fourier-Reihe, 50
Frage
    aussortieren, 26, 111
    Entwurfskriterien, 57
    inverse, 85
    isomorphe, 34–37
    lesen, 44
    qualitative, 43, 73, 83, 126
    schwierige, 35, 44
    spontane, 94, 111
    vorlesen, 16, 26, 144–145
Fragenformat
    Bereichsauswahl, 90
    Konfidenzangabe, 90
    multiple choice-multiple response, 89, 110, 113, 117
    multiple choice-single response, 88, 91, 110, 113
    umschreiben, 110
Fragenqualität, 16, 43–137
Framing, *siehe* Rahmen
Funktion, 50, 53, 63, 65, 72, 74, 79, 81, 87, 126

G
Galilei, 2, 7
    Dialog über die zwei Weltsysteme, 2
Gesicht wahren, *siehe* Motivation
Gleichungssystem, lineares, 67, 71, 85
Gleichverteilung studentischer Antworten, 19, 21, 90–92
Grammatik, 122
Grenzwert, 53
Grundmuster didaktisches, 5, 49–52, 82
Gruppenarbeit, 50, 52, 127

H
Haltung, 33, 77, 104, 148
Heterogenität, 4, 22
Hilflosigkeit, erlernte, 147

I
Individualphase, 15–19, 21, 49, 51, 137, 146
Inhaltswissen, 132
  didaktisches, 132
Integral, 60, 78
Integrationsverfahren, 28, 60, 75, 78
Interactive Engagement, 148

J
Just in Time Teaching (JiTT), 52, 87, 95, 123, 130–131, 148

K
Klausur, 42, 77, 87, 94, 99, 104, 141
Kombinatorik, 66, 68, 83
Konfidenz angeben, 90, 113
Konflikt, kognitiver, 51, 138
Konjugation, komplexe, 65, 94
Konstante, 84
Konzeptbild, 85
Konzeptfrage, 16, 43, 52, 73–75
  Unterschied zu Wissensfrage, 43

L
Lehrziel, 17, 57, 76, 78, 85, 96, 104, 126, 132
  kommunizieren, 125–126
Lernhürde, 132
Lernplattform, 130, 131
Lernziel, 21, 28, 29, 111, 132
Lernzielmatrix, 132
LON–CAPA, 131

M
Münzwurf, 62, 122
Mastery Goal Orientation, 55
Matrix, 67, 130
Mazur, E., 5, 14, 73
Menge, 65, 71, 92, 124
  leere, 60, 71, 87
Metaebene, 103

Mikrodiskussion, 83, 84, 105
Mobilgerät, 107–109, 114–115, 117–119, 124, 149
  Ablenkungsrisiko, 111, 136
Mobiltelefon, *siehe* Mobilgerät
Motivation, 45, 54–56, 105
  Gesicht wahren, 25, 46, 55
Multiple-Choice-Frage, *siehe* Auswahlaufgabe, Fragenformat

N
Negation, 60, 85

P
Parameter, 53, 86
Parsen, 54, 122
Pedagogical Content Knowledge, 54, 132
Peer-Instruction-Wunder, 23–25
Peer-Phase, 15, 17, 19–24, 50
  Weglassen von, 36, 42, 146
  Wirksamkeit, 34–36
Performance Goal Orientation, 55
Personalisierung, 113, 142
Prüfung, 1, 12, 42, 81, 90, 99, 103–126

Q
QR–Code, 109, 117–119

R
Rahmen, abstecken, 100, 101
Rang, 130
Relation, 70, 86, 87, 93
Robustheit
  von *Peer Instruction*, 41
  von*Peer–Instruction*–Fragen, 81, 95–96

S
Sagredo, 7, 9, 11, 15, 18, 23–26, 29, 30, 39, 50, 53, 74, 75, 77, 81, 92, 103–105, 107, 111, 114, 121, 129, 130, 136
Scholarship of Teaching and Learning, 138
Schwartz, D., 9, 105
Schwellenkonzept, 53–54
Schwierigkeit, intrinsische, 52
Selbststudiumsauftrag, 131

Smartphone, *siehe* Mobilgerät
Sprache
    formale, 61, 78, 79, 122
    kontextfreie, 69
Stammfunktion, 11, 28
Stetigkeit, 53
Stofffülle, 129
    reduzieren, 132
Subjunktion, 80
Syntax, 54

T
Tablet, *siehe* Mobilgerät
Technologie für *Peer Instruction*, 6, 47, 107, 149
TED, 6
Teilmenge, 71, 92
Testschläue, 91
Theorem, 71, 86
Think-Pair-Share, 49–51, 107
Time for Telling, 9, 24, 25, 30, 38, 43, 100, 131, 148
Tupel, 124
Turingmaschine, 61, 78, 79
Two Stage Exam, 104

U
Übergeneralisierung, 52, 85
Umfrage, 89, 121
Unbekannte, 86

V
Variable, 53, 59, 65, 84

    freie, 78, 86
    gebundene, 78, 86
Verantwortung für Lernprozess, 42, 99, 137, 148
Verkettung, 63, 80
Vorlesungsexperiment, 89

W
Wahrscheinlichkeit, 62, 78
Wahrscheinlichkeitsrechnung, 93, 122
Wertemenge, 66, 79, 81
Wirksamkeit
    von Expertenphase, 36–38
    von *Peer Instruction*, 33–40, 95, 117, 148
    von *Peer*–Phase, 36–38
Wissensfrage
    Unterschied zu Konzeptfrage, 43
    Vermeiden von, 43
Wurzel, 43, 58, 64, 82, 100

Z
Zeitbedarf für *Peer Instruction*, 129
Ziel
    inhaltliches, 76
    kognitives, 76
    metakognitives, 77
    Relevanz von, 74, 77
    von *Peer Instruction*, 4
Zielorientierung, 55
Zuhören bei *Peer*–Diskussion, 11, 22, 30, 34, 42, 46, 94, 131, 136, 144, 146, 147

Printed in the United States
by Bookmasters

Printed in the United States
By Bookmasters